NORSK LAVFLORA

Håkon Holien | Tor Tønsberg

NORSK LAVFLORA

3. UTGAVE

1. utgave 2006
2. utgave 2008
3. utgave 2023 / 2. opplag 2024

ISBN: 978-82-450-4436-2

Grafisk produksjon: John Grieg, Bergen
Sats: Type-it AS, Trondheim
Omslagsdesign: Type-it AS, Trondheim
Forsidebildet: Fingersaltlav *Stereocaulon dactylophyllum*
Baksidebildene: Okersnaulav *Calvitimela armeniaca*, gullprikklav *Pseudocyphellaria citrina*, rustblokklav *Porpidia melinodes*, oresinoberlav *Ramboldia subcinnabarina* og stubbelav *Cladonia botrytes*

Spørsmål om denne boken kan rettes til:
Fagbokforlaget
Kanalveien 51
5068 Bergen
Tlf.: 55 38 88 00
e-post: fagbokforlaget@fagbokforlaget.no
www.fagbokforlaget.no

Vigmostad & Bjørke AS er Miljøfyrtårn-sertifisert, og bøkene
er produsert i miljøsertifiserte trykkerier.

Til våre barnebarn

Rasmus, Marikken, Alfred og Helmer

Linea Alvilde, Noah Isinius og Matheo

Emma Sofie, Edvard og Iver

Julia og Ellinor

Innhold

Forord til 3. utgave

Denne utgaven bygger på de tidligere utgavene. Artsantallet er blitt betydelig utvida, og boka presenterer nå fargebilder og kortfatta beskrivelser av 523 lavarter fordelt på 236 busk- og bladlav, 30 knappenålslav og 257 skorpelav. Ytterligere 126 arter er omtalt i teksten. Nytt er ellers at vi har inkludert en liten avdeling lavboende sopp for å vise noe av variasjonen innen denne gruppen. Totalt er 27 lavboende sopp presentert med bilder og/eller beskrivelser. Boka presenterer oppdatert navnsetting og slektskapstilhørighet i henhold til gjeldende oppfatning. Ordenstilhørighet følger GBIF (2022). Siden forrige utgave har en del arter endret vitenskapelig navn. En synonymliste for disse artene finnes bakerst i boka.

I forrige utgave var treboende (epifyttiske) lavarter vektlagt spesielt. Slik er det fortsatt, men vi har i denne utgaven tatt inn et betydelig antall nye, steinboende arter. Samlet sett representerer artsutvalget en stor bredde i naturtyper. Vi har ønsket å presentere både vanlige arter og arter som er sjeldne og som er utbredt bare i deler av landet. Rødlistearter er gitt stor oppmerksomhet, og rødlistekategori er angitt i henhold til siste revisjon av rødlista for arter (Haugan et al. 2021).

Boka skal kunne brukes av alle som er interessert i naturen og miljøet rundt seg, men den retter seg først og fremst mot lavinteresserte, både nybegynnere og amatører, og studenter på ulike nivå. Personer som arbeider med bruk og forvaltning av norsk natur, vil også ha stor nytte av boka.

En stor del av et slikt bokprosjekt er å skaffe til veie billedmateriale. De fleste av bildene fra forrige utgave er gjenbrukt i denne utgaven. Mange arter er fotografert på voksestedet, men de fleste av de små artene er fotografert inne. Til denne utgaven har vi fått stor hjelp fra mange ulike personer som har bidratt med bilder. Spesielt vil vi takke Einar Timdal (Oslo) for stor sjenerøsitet i å kunne bruke av hans store billedarkiv (https://nhm2.uio.no/lav/web/index.html). Spesiell takk også til Andreas Frisch (Trondheim), som har fotografert mange lavboende sopp og små skorpelav. Ellers vil vi takke følgende personer som har bidratt med nye bilder eller gjenbruk av gamle bilder: Kim Abel (Oslo), Ulf Arup (Lund), Trine Boquist (Røros), Anders Breili (Lillehammer), Jan Ingar Båtvik (Råde), Anders Delin (†), Per Fredriksen (Trondheim), Geir Gaarder (Tingvoll), Yngvar Gauslaa (Ås), Helge Gundersen (Oslo), Reidar Haugan (Moelv), Tom Hellik Hofton (Oslo), John Bjarne Jordal (Sunndal), Asbjørn Knutsen (Bømlo), Tommy Prestø (Trondheim), Christian Printzen (Frankfurt), Bjørn Rangbru (Trondheim), Hans Petter Schwencke (Otta) og John Arne Sæther (Trondheim). Vi vil også takke Per Magnus Jørgensen (Bergen) og Zdenek Palice (Praha) for hjelp til tolkning av noen artsepitet og Anna-Elise Torkelsen for lån av garnprøver farget med lav.

En oversikt over fotografene med angivelse av hvilke bilder hver enkelt har bidratt med finnes helt bakerst i boka.

Steinkjer og Bergen, april 2023

Bruk av floraen

Denne floraen har ingen bestemmelsesnøkler. Erfaringsmessig er nøkler vanskelig å bruke før en har fått en god del erfaring. Hovedfokus i boka ligger derfor på bildene. Ved å bla seg fram vil det være mulig for leseren å bestemme svært mange arter. Vi vil imidlertid ikke underslå at mange arter har nærstående slektninger. En del slike er omtalt i teksten, men i mange tilfeller vil det være nødvendig å konsultere spesiallitteratur.

Det er også viktig å være oppmerksom på at alle arter varierer. Selv om bildene viser karakteristiske trekk ved artene, vil ingen eksemplarer være identisk med de som er avbildet. Fargen på tallus vil variere avhengig av lysforholdene på voksestedet. Skyggeformer er generelt lysere enn eksemplarer som har vokst lysåpent, og fuktig lav vil ha friskere farge enn tørr lav. Tørr lav som har vært lagret lenge, vil også endre farge, for eksempel fra grønt til strågult hos enkelte skorpelaver. Angivelse av størrelse på tallus i beskrivelsene er normal variasjonsbredde, og det vil derfor finnes eksemplarer som er langt større (og mindre) enn angitt i teksten. Målestokken på bildene er omtrentlige.

Utbredelsen er angitt i grove trekk. For mange arter er kjent yttergrense angitt på kommunenivå ettersom dette ofte ansporer spesielt interesserte til å finne disse utenfor kjent utbredelsesområde. Mange arter forekommer utenfor sitt hovedområde på lokaliteter som har tilfredsstillende lokalklima. Enkelte kystarter vil derfor kunne vokse i nærheten av fossefall i innlandet, og arter som opptrer i fjellet i Sør-Norge vil ofte finnes i lavlandet fra Trøndelag og nordover. For oppdaterte og detaljerte utbredelsesdata for norske lavarter henviser vi til Norsk Lavdatabase (NLD2) og Artskart på Internett.

For at det skal være lett å orientere seg i boka, har vi forsøkt å samle arter som er beslektet med hverandre, innenfor hovedgruppene busk- og bladlav, knappenålslav, skorpelav og lavboende sopp. Rekkefølgen innenfor de to første gruppene er alfabetisk etter ordener og familier, mens skorpelavene er ordnet alfabetisk etter orden.

Vitenskapelige navn på lavene i boka følger i hovedsak Westberg et al. (2021) med unntak for *Bryonora rhypariza, Miriquidica cupreobadia* og *Toensbergia geminipara* som følger Artsnavnebasen (2023).

Generell del

Innledning

Norge har en rik og variert lavflora. Totalt er det registrert vel 2100 lavarter i landet vårt. I underkant av 500 av disse er busk- og bladlav, resten er skorpelav. I tillegg er det i Norge kjent i underkant av 400 lavboende sopp. Lav finner vi nær sagt overalt fra de ytterste strandberg til de høyeste fjelltopper, og fra de fuktigste skoger til de tørreste stepper. De opptrer på all slags substrat, både naturlige som trær, stein og jord, og menneskeskapte som hus og gravmonumenter. Til tross for dette mangfoldet har lavene på mange vis vært en glemt organismegruppe utenfor spesialistenes rekker. De har ikke fått den oppmerksomheten de fortjener. En årsak til dette er nok at kunnskapen om lavene har vært tungt tilgjengelig for den generelt naturinteresserte. Større fokus på lavene har kommet i to runder, først med erkjennelsen av at de kunne brukes som indikatorer på ulike typer forurensning slik som sur nedbør og radioaktivt nedfall fra 1960- og 70-årene. I de siste 10-årene har lavene kommet i søkelyset gjennom den generelle fokuseringen på biologisk mangfold og arbeidet med vern og forvaltning av norsk natur (fig. 1).

Figur 1. Bladlavsamfunn på grankvister i boreal regnskog med skrubbenever Lobaria scrobiculata, glattvrenge Nephroma bellum, grynvrenge Nephroma parile og gullprikklav Pseudocyphellaria citrina.

Hva er en lav?

En lav er en sopp som lever i samliv (symbiose) med én eller flere organismer som kan utføre fotosyntese. Soppen – **mykobionten** – er i de aller fleste tilfeller en sekksporesopp *Ascomycota*, i sjeldne tilfeller en stilksporesopp *Basidiomycota*. Den fotosyntetiserende organismen – **fotobionten** – er enten en mikroskopisk grønnalge *Chlorophyta* eller en blågrønnbakterie *Cyanophyta*. Blågrønnbakteriene har i tillegg til fotosyntese også evnen til å binde nitrogen direkte fra lufta. Noen lav har både grønnalger og blågrønnbakterier som fotobiont. Soppen kan tilsynelatende ikke leve alene i naturen over lengre tid, mens fotobionten kan fungere også som frittlevende. Én og samme fotobiont kan godt finnes i flere forskjellige lavarter. Lavenes navn og klassifisering er knyttet til soppen og er i stor grad basert på indre og ytre bygningstrekk i fruktlegemene.

Laven kan betraktes som et «arbeidsfellesskap» mellom soppen og fotobionten. Normalt danner soppen et **tallus** (lavkropp) som omslutter fotobionten. Soppen er ernæringsmessig avhengig av fotosynteseprodukter fra fotobionten ettersom den selv ikke er i stand til å utføre fotosyntese. Fotobionten antas å få et mer stabilt og forutsigbart miljø med bedre tilgang på vatn og mineraler samtidig som den oppnår en viss beskyttelse mot skadelig UV-stråling. Lavtalluset kan derfor sies å utgjøre både en morfologisk og fysiologisk enhet. Fra utsiden kan det være vanskelig å få øye på lavenes dobbeltnatur. Det er imidlertid problematisk å benytte individbegrepet om et lavtallus som snarere er å oppfatte som et miniøkosystem.

Ny forskning har vist at symbiosen kan være enda mer komplisert ettersom det er påvist at mange lavarter har en gjærsopp inne i barklaget (Spribille et al. 2016). Gjærsoppen er en stilksporesopp og kan manifestere seg som galler på oversida av laven når den formerer seg. På mange lav opptrer ofte også rene sopp-parasitter som tydelig skader tallus. Ettersom det er uklart hvilken rolle mange av disse ekstra soppene spiller betegnes de ofte som lavboende sopp.

Lavenes bygning

Bladlav

Typisk for bladlavene er en tydelig forskjell mellom en overside og en underside – en såkalt *dorsiventral* bygning. Noen kan ha en nesten jevn og helranda kant, men ofte er det mer eller mindre djupe innskjæringer. Et avgrensa avsnitt mellom to slike innskjæringer kalles en **lobe** (fig. 2). Hos noen bladlaver,

Figur 2. Detalj av lungenever Lobaria pulmonaria.

f.eks. islandslav *Cetraria islandica*, kan lobene være innrulla og krusete slik at laven får et buskaktig preg. Basert på fotobiontens organisering og plassering i laven skiller vi mellom to hovedtyper av bygning.

Dersom fotobionten er ordna i et tydelig avgrensa sjikt like under overflata, snakker vi om et **sjikta** eller **heteromert** tallus (fig. 4). I de tilfeller hvor fotobionten ligger spredt i det indre av tallus, snakker vi om et **ikke-sjikta** eller **homeomert** tallus. De aller fleste bladlavene har et sjikta tallus. Ikke-sjikta tallus finner vi først og fremst i glyelavfamilien *Collemataceae.*

Figur 3. a) grønnever Peltigera aphthosa *b) bleiktjafs Evernia prunastri*

c) fjellblokklav Porpidia flavicunda *d) grynrødbeger Cladonia coccifera*

Vekstformer

Basert på ytre bygning kan lavene deles inn i ulike vekstformer (fig. 3). Hovedformene er bladlav, busklav og skorpelav. Noen arter har et sammensatt tallus med en blad-, skjell- eller skorpeforma horisontal del og en mer eller mindre buskforma vertikal del. Inndelinga basert på vekstform er først og fremst av praktisk art og har mindre systematisk betydning.

Oversida er avgrensa av en **overbark** hvor sopphyfene har en tilnærmet parallell organisering som i tverrsnitt gir inntrykk av en cellulær struktur. Barkoverflata er ofte glatt og jevn, men kan sekundært danne hår som hos bikkjenever *Peltigera canina*. Hyfene i barken har ofte

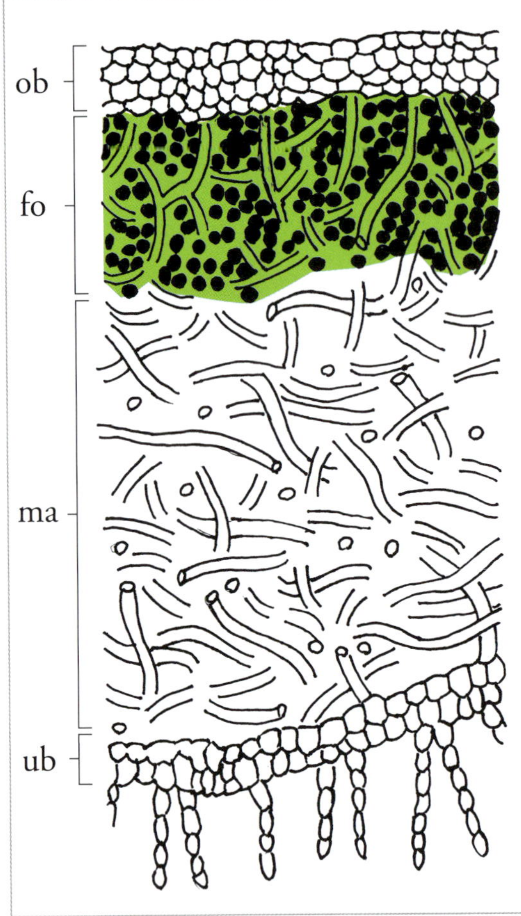

Figur 4. Tverrsnitt av sjikta tallus hos en bladlav i slekta fargelav Parmelia – ob = overbark, fo = fotobiont, ma = margsjikt, ub = underbark med festetråder (etter Schöller 1997).

pigmenter som beskytter fotobionten mot skadelig stråling.

I et sjikta tallus finner vi fotobionten like under barken og dernest en **marg**. Margen består av løst sammenvevde hyfer som gir et bomullsaktig, luftig inntrykk. På undersida hos vrengelavene *Nephroma* er margen beskytta av en **underbark**, mens denne mangler f.eks. i åreneverslekta *Peltigera*. En overflate uten bark er alltid filtaktig. En barkkledd overflate kan være lodden eller naken. Organiseringa med bark, fotobiont, marg og underbark er slående lik organiseringa av celler og vev i blad hos høyere planter og kan betraktes som en konvergens i evolusjonen.

De fleste bladlavene er festa til underlaget ved hjelp av **festetråder**, såkalte **rhiziner**. Disse kan være av ulik form, enkle og ugreina, gaffelgreina, buskforma til nærmest barberkostforma eller squarrøse (fig. 5). Noen slekter, f.eks. navlelavene *Umbilicaria*, har ett sentralt festepunkt. Hos f.eks. frynserosettlav *Physcia tenella* forekommer tråder uten festefunksjon, såkalte **cilier**, langs talluskanten.

På overflata hos mange arter forekommer **barkporer**, såkalte **pseudocyfeller** (fig. 6). Dette er ikke porer i

Figur 5. Festetråder (rhiziner) på undersida av tallus hos skjellnever Peltigera praetextata.

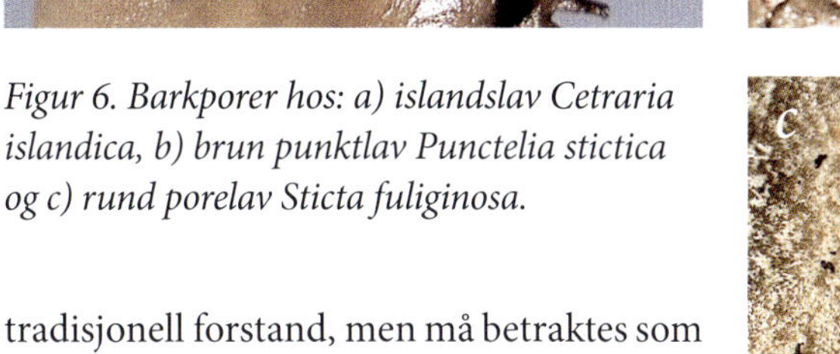

Figur 6. Barkporer hos: a) islandslav Cetraria islandica, b) brun punktlav Punctelia stictica og c) rund porelav Sticta fuliginosa.

tradisjonell forstand, men må betraktes som svakhetssoner i barken der gassutveksling er mulig. Ofte trenger marglaget helt ut til overflata. Barkporer kan ha ulik form, og er som regel lett synlige som lyse, ofte svakt konvekse flekker i kontrast til en mørkere bark. Hos gullprikklav *Pseudocyphellaria citrina* finner vi barkporer på undersida av tallus som gule flekker. Porelavene *Sticta* har på undersida noe mer spesialiserte barkporer, **cyfeller**, som er sterkt konkave og med en jevn og tydelig vegg.

På overflata av tallus og fruktlegemer finnes hos enkelte arter et gråhvitt, rimaktig belegg som kalles pruina (fig. 7). Dette er vanligvis avleiringer av kalsiumoksalat-krystaller, men kan

Figur 7. Pruina: a) på tallus hos pulverdogglav Physconia enteroxantha og b) på fruktlegemer hos gulgrynnål Chaenotheca chrysocephala.

Figur 8. Hypotallus hos blylav Pectenia plumbea synlig som blåhvit filt.

også bestå av døde celler eller være krystaller av lavsyrer og ha andre farger, f.eks. gult eller rødbrunt.

I filtlavfamilien *Pannariaceae* har de fleste artene et **hypotallus** eller undertallus (fig. 8). Dette består av sopphyfer uten algeceller og er vanligvis mer eller mindre blåsvart pigmentert. Hypotalluset er som regel synlig langs talluskanten og kan betraktes som en hyfematte som det egentlige talluset hviler på. Det spiller sannsynligvis en rolle i vannhusholdninga.

Hos noen lavarter med grønnalge som fotobiont finner vi kolonier av blågrønnbakterier. Disse kalles **cefalodier** (fig. 9) og kan være plassert på overflata av tallus som hos grønnever *Peltigera aphthosa*, på undersida som hos kalknever *Peltigera venosa*, eller de kan være plassert innvendig i marglaget som hos kystnever *Lobaria virens*. I sjeldne tilfeller kan soppen hos disse artene danne et eget tallus bare med blågrønnbakterien. Disse kan så utvikle grønne lober langs kanten. Slike doble talli kalles gjerne for **fotosymbiodemer** eller bare morfotyper, og de illustrerer godt fotobiontens innflytelse på tallusbygninga, se side 139 og 151.

Busklav

Busklavene varierer relativt mye i form, men er normalt buskaktig forgreina eller skjeggforma. Greinene kan være sylindriske eller avflata. Arter med sylindriske greiner har radiær bygning og kan være hule eller kompakte. Strylavene *Usnea* har en seig, elastisk midtstreng (fig. 10). Arter med avflata greiner som elghornslav *Pseudevernia furfuracea* har en tydelig

Figur 9. Cefalodier hos: a) storvrenge Nephroma arcticum og b) sølvnever Lobaria amplissima.

dorsiventral bygning med forskjell på over- og undersida. De fleste busklavene har et sjikta tallus med bark, men ikkesjikta tallus finnes hos tanglavene *Lichina*.Hos reinlavene *Cladonia* mangler barken.

Normalt er busklavene festa til underlaget bare ved basis. Arter som vokser på trær og stein, er festa ved hjelp av en festeskive. Tuedannende arter som reinlav *Cladonia* er løst festa og vokser i toppen samtidig som de dør bort fra basis.

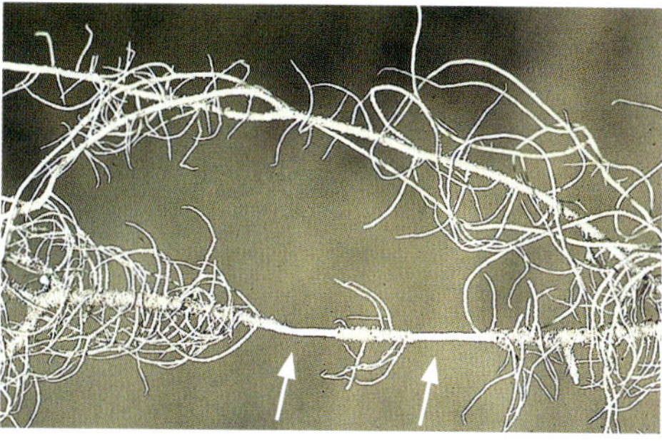

Figur 10. Detalj av grein med hvit, elastisk midtstreng hos strylav Usnea.

Lav med sammensatt tallus

Hos begerlav *Cladonia* har de fleste artene et skjellforma horisontaltallus (basalskjell) og et vertikaltallus som varierer fra sylforma eller gaffelgreina til buskforma eller begerforma (fig. 11). Vertikaltalluset kalles **podetium** og dannes direkte fra fruktlegemeanlegget på

Figur 11. Ulike vekstformer innen slekta begerlav Cladonia: a) skogsyl C. cornuta, b) gaffellav C. furcata, c) melbeger C. fimbriata og d) kvitkrull C. stellaris.

Figur 12. Detalj av pseudopodetium med fyllokladier og fruktlegemer hos påskesaltlav Stereocaulon paschale.

Figur 13. Areolert tallus hos vanlig kartlav Rhizocarpon geographicum.

basalskjellene. Podetiet kan derfor betraktes som fruktlegemets stilk. Podetier finner vi også hos knappenålslavene, f.eks. hodenål *Chaenotheca* og hos køllelav *Baeomyces* der horisontaltalluset er skorpeforma.

Kolvelav *Pilophorus* og saltlav *Stereocaulon* har også et skorpeforma horisontaltallus, men her er det buskforma vertikaltalluset en direkte forlengelse av horisontaltalluset. Fruktlegemer dannes her sekundært på vertikaltalluset som derfor kalles et **pseudopodetium**. På vertikaltalluset har saltlavene spesielle utvekster, **fyllokladier**, av ulik form (fig. 12). Disse inneholder fotobionten.

Skorpelav

Skorpelavene er vanligvis så godt festa til substratet at de er umulig å løsne uten å ødelegge deler av tallus. De har enklere bygning enn blad- og busklavene, men variasjonen er stor og flere undertyper kan skilles ut. Det enkleste er det **leprøse** tallus som finnes hos mellavene *Lepraria*, se side 238. Hos disse består det øvre sjiktet eller hele talluset av soredier (se nedenfor). Noen har et **granulært** tallus som består av barkkledde gryn. Andre har en mer eller mindre sammenhengende skorpe med sjikta eller ikke-sjikta organisering.

Dersom skorpa er oppsprukket i en polygonstruktur, sier vi at den er **areolert** (fig. 13). Dette er vanlig hos mange lav, for eksempel kartlavene *Rhizocarpon*. Betegnelsen **areole** brukes også om små, adskilte tallusdeler som dannes på et **protallus**, se f.eks. klippekartlav *Rhizocarpon grande* side 301. Et protallus er en tynn matte av sopphyfer uten fotobiont. Dette er vanlig hos randlavene *Fuscidea*, se side 313. Skjellforma areoler, oftest bare kalt skjell (side 252), finnes hos tegllavene *Psora*. De mest velutvikla skorpelavene viser overganger til bladlavene, f.eks. matt knøllav *Placopsis gelida*.

I en del tilfeller er tallus helt innleira i substratet. Hos slike arter er det bare fruktlegemene som er synlige på overflata. Mange arter skiller ut svarte pigmenter (melanin) som danner en mørk avgrensning av talluset mot nabotalluset, se side 204.

Figur 14. Apothecier med talluskant hos: a) vortekantlav Lecanora chlarotera og uten talluskant hos b) grynfløyelslav Megalaria pulverea.

Lavenes reproduksjon

Kjønna reproduksjon av soppkomponenten

Den kjønna reproduksjonen skjer i fruktlegemer (ascomata) og resulterer i dannelsen av sekksporer (ascosporer). Sporene spres med vind, vatn eller på annen måte og må, for å etablere et nytt lavtallus, komme i kontakt med den riktige fotobionten på et for arten gunstig levested.

Fruktlegemer opptrer i to hovedtyper – apothecier og perithecier. Et **apothecium** er oftest skive- eller skålforma (fig. 14), og det fertile vevet – **hymeniet** – sitter åpent. Hymeniet består av et visst antall langstrakte sporesekker – **asci** (entall: ascus), og en del tynne, sterile hyfer – **parafyser** (fig. 15). Som regel er hymeniet innleira i en gelatinøs matrix. Øvre del av hymeniet – **epitheciet** – er ofte pigmentert og gir apothecieskiva sin karakteristiske farge. De fleste

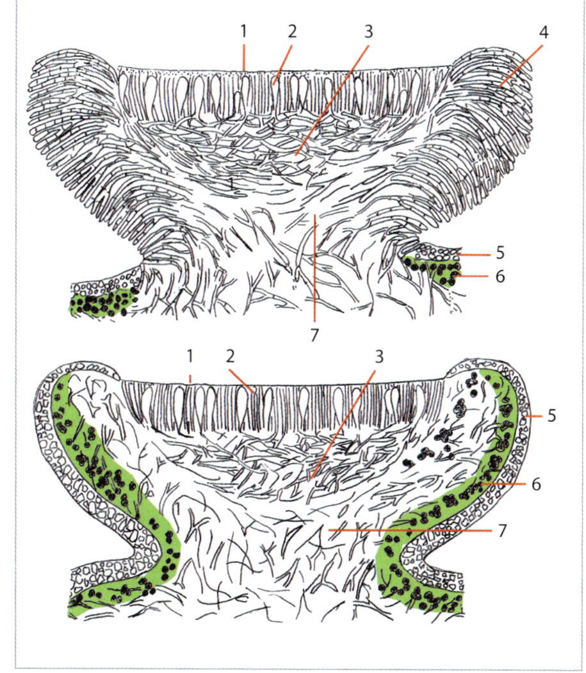

Figur 15. Skjematisk tverrsnitt av apothecium med og uten talluskant, 1 = epithecium, 2 = hymenium, 3 = hypothecium, 4 = excipulum, 5 = bark, 6 = fotobiont, 7 = marg (etter Wirth 1995).

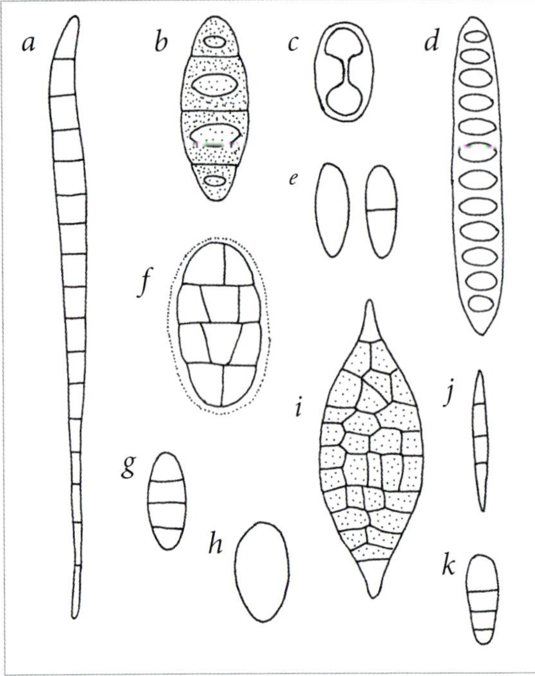

Figur 16. Noen sporetyper hos lav:
a) almelundlav Bacidia rubella
b) gul pærelav Pyrenula occidentalis
c) oransjelav Caloplaca
d) vanlig skriftlav Graphis scripta
e) mosealvelav Bryobilimbia hypnorum
f) kalkkartlav Rhizocarpon umbilicatum
g) almelav Gyalecta ulmi
h) kystsmaragdlav Lecidella elaeochroma
i) krittlav Phlyctis
j) gammelgranlav Lecanactis abietina
k) stråleflekklav Arthonia radiata

arter danner som regel 8 ascosporer i hver sporesekk, men antallet kan variere fra 1 til over 100. Sporene varierer i form fra runde til ellipsoide eller sylindriske til nålforma og kan være med eller uten tverrvegger (septa), noen også med langsgående vegger (fig. 16). Sporestørrelsen varierer fra et par µm til over 100. Under hymeniet sitter **hypotheciet** som kan være bleikt eller farga.

Figur 17. Perithecier hos gul pærelav Pyrenula occidentalis.

Som regel er hymeniet omgitt av en beskyttende kant som kalles **excipulum**. Dersom det er celler av fotobionten i kanten, er den som regel velutvikla og av samme farge som tallus. Apotheciekant uten fotobiont er tynnere og ofte med en farge som avviker fra tallusfargen (fig. 14).

Et **perithecium** er et mer eller mindre pæreforma, som regel svart, fruktlegeme (fig. 17) hvor hymeniet sitter innelukka i bunnen (fig. 18). Øverst er det en trang åpning der sporene kan slippe ut. De fleste lavarter med perithecier er skorpelav. Unntaket blant norske lav er bladlavslekta lærlav *Dermatocarpon*. Her sitter peritheciene nedsenka i tallus og bare åpningene er synlige som små, mørke prikker på tallusoverflata, se side 167.

Ukjønna reproduksjon av soppkomponenten

Den ukjønna reproduksjonen skjer i pyknidier og resulterer i dannelsen av konidiesporer, oftest bare kalt konidier. Et **pyknidium** er oftest en pære- eller flaskeforma dannelse (fig. 19) der innsida er kledd med hyfer med spissene vendt inn mot et hulrom. Disse hyfene avsnører små biter – **konidier** – som føres ut gjennom åpningen. Pyknidier er ofte vanskelig å observere fordi de i mange tilfeller er innsenka i tallus slik at bare de små åpningene er synlige. I andre tilfeller er de lettere å få øye på, f.eks. hos rødfrukta begerlav *Cladonia*, der pyknidiemunningene også er røde (side 51) eller hos taggpuslelav *Micarea globulosella* som har gråhvite pyknidier (side 241). Hos pensellav *Gyalideopsis* dannes konidier på undersida av pensel- eller vifteforma utvekster fra tallus (fig. 20).

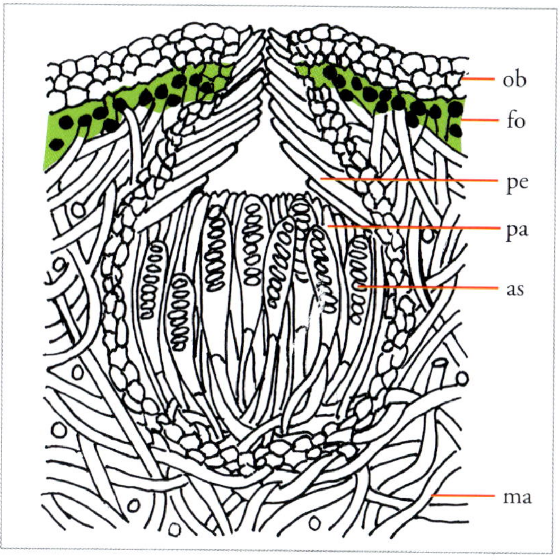

Figur 18. Skjematisk tverrsnitt gjennom et perithecium, ob = overbark, fo = fotobiont, pe = perifyser, pa = parafyser, as = ascus med sporer, ma = margsjikt (etter Schöller 1997).

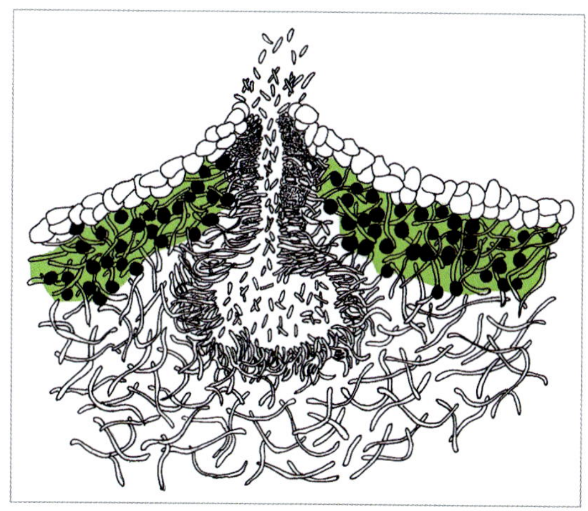

Figur 19. Skjematisk tverrsnitt gjennom et pyknidium med avsnøring av konidier (etter Moberg & Holmåsen 1984).

En spesiell type konidier – **tallokonidier** – oppstår som et sotaktig overtrekk på undersida av tallus hos enkelte navlelav *Umbilicaria*. De dannes direkte fra underbarken eller festetråder uten at det først dannes pyknidier.

Konidier spres på samme måte som ascosporer og må i likhet med disse danne en forbindelse med den riktige fotobionten for å kunne vokse opp til en ny lav. Forskjellen er at konidier er en kloning av soppkomponenten mens ascosporer dannes gjennom en kjønna prosess der det skjer en genetisk nykombinering. Konidier kan også fungere som spermatier i en kjønna prosess.

Figur 20. Granpensellav Gyalideopsis piceicola med vifteforma utvekster (hyfoforer) som danner konidier på undersida.

Vegetativ reproduksjon

Den vegetative reproduksjonen hos lav er karakterisert ved at både soppen og fotobionten spres samla som en enhet. Dette kan innebære mange fordeler ettersom dannelsen av et nytt lavtallus kan skje raskere og mer effektivt. Den enkleste måten dette kan skje på, er ved **fragmentering**. Tørr og sprø lav som utsettes for mekanisk påvirkning, kan bli delt opp i mange småbiter. Slike fragmenter har under gitte forutsetninger evnen til å vokse opp til nye lavtallus.

Mange lav danner **soral** som er spesialiserte organ for vegetativ reproduksjon. Disse kan ha ulik form (fig. 21). Her produseres sorediekorn, oftest bare kalt **soredier**. Soredier består av noen få celler av fotobionten som er omspunnet av sopphyfer fra margen, og fungerer som spredningsenheter (diasporer) på samme måte som ascosporer og konidier. De dannes fra marglaget og kommer fram ved at barken sprekker opp. Soredier kan også opptre og spres i større ansamlinger, kalt konsoredier.

Isidier er små barkkledde utvekster som dannes ved utbuktning av tallus. Barken ved festepunktet til isidiene kan gå i oppløsning slik at de løsner og faller av. Slik sett fungerer de som spredningsenheter, men det er sannsynlig at den økte tallusoverflata som isidiene skaper, kan være vel så viktig for laven. Isidier kan ha ulik form, fra stiftforma, kuleforma eller skjellforma til koralloid greina (fig. 22). Hos noen arter kan arr etter isidier utvikle seg til soral, mens andre arter kan utvikle isidier sekundært i soralene.

Figur 21. Soraltyper: a) leppesoral hos vanlig kvistlav Hypogymnia physodes, b) kantsoral hos gullroselav Vulpicida pinastri, c) flekksoral hos skrubbenever Lobaria scrobiculata.

Lavkjemi

Svært mange lavarter produserer kjemiske stoffer som er artsspesifikke og som ikke er kjent ellers i naturen. Disse går under fellesbetegnelsen lavsyrer selv om mange av dem kjemisk sett ikke er syrer. Stoffene er oftest ikke løselige i vatn og avleirer seg i krystallinsk form på overflata av sopphyfene i margen eller i barken. De fleste er fargeløse, men noen er pigmenter som den gule vulpinsyra hos ulvelav *Letharia vulpina*.

Lavsyrenes funksjon er omdiskutert, og varierer fra stoff til stoff. Mange lavsyrer er antatt å fungere som antibeitestoffer. Noen har funksjon som veksthemmere i kjemisk krigføring, mens andre kan fungere som beskyttelse mot skadelig UV-stråling. Det bleikgule pigmentet usninsyre, som bl.a. finnes hos strylav *Usnea* og de lyse reinlavene *Cladonia*, har en dobbel funksjon ettersom det har en antibiotisk effekt samtidig som det fungerer som UV-filter.

Ettersom lavsyrene er artsspesifikke, er det i mange tilfeller nyttig å kunne påvise dem for en sikker artsbestemmelse av innsamlet materiale. Til dette trengs vanligvis bare noen få reagenser og en UV-lampe. De oftest benytta reagensene er en 10 % oppløsning av kaliumhydroksid (K) samt det klorholdige blekemidlet klorin (C). I tillegg benyttes ofte en oppløsning av stoffet parafenylendiamin (PD) i etanol, som imidlertid må behandles med stor forsiktighet ettersom det kan være allergiframkallende. Noen lavsyrer fluorescerer sterkt i UV-lys. For påvisning av slike stoffer brukes en UV-lampe som bør ha både kort- og langbølga UV-lys. Til mer nøyaktig påvisning av lavsyrer benyttes tynnsjiktskromatografi (TLC). For en mer utførlig omtale av denne metoden og lavenes kjemi, se Krog et al. (1994). I noen tilfeller er det viktig å sjekke reaksjonen med jod (J), en såkalt amyloid test, i marg og fruktlegemer. Til dette kan brukes Lugol's løsning som er en bestemt blanding av jod og kaliumjodid løst i vatn.

Figur 22. Isidietyper: a) stiftforma hos stiftvortelav Pertusaria coronata, b) kuleforma til sylindriske hos stor lindelav Parmelina tiliacea, c) skjellforma hos blyhinnelav Leptogium cyanescens.

Lavenes økologi og utbredelse

Vekst og ernæring

I naturen fungerer lavene økologisk på samme måte som grønne planter, altså som primærprodusenter. De basale behovene er derfor lys, vatn og mineralnæringsstoffer. I motsetning til de grønne plantene har lavene ingen aktiv regulering av opptak og utskillelse av vatn og mineraler. De er derfor avhengige av de næringsstoffene som til enhver tid finnes oppløst i det vatnet som passivt trenger inn i cellene. Lav er derfor **ikke** å betrakte som snyltere når de f.eks. vokser på trær.

Kravet til lys varierer sterkt. Noen arter er lyskrevende, f.eks. gulskinn *Flavocetraria nivalis* og rabbeskjegg *Alectoria ochroleuca*, som begge vokser eksponert på fjellrabber. Strylavene *Usnea* dominerer ofte høyt i trekronene. På den andre siden finnes svært skyggetålende arter som huldrelav *Gyalecta friesii* som kan vokse i hulrom ved basis av store trær i mørke granskoger. Mange skogsarter trives best i halvskygge, noe som innebærer at de krever relativt mye lys i form av diffus stråling, mens mye direkte solstråling kan være skadelig. Eksempler på slike arter er lungenever *Lobaria pulmonaria* og gullprikklav *Pseudocyphellaria citrina*.

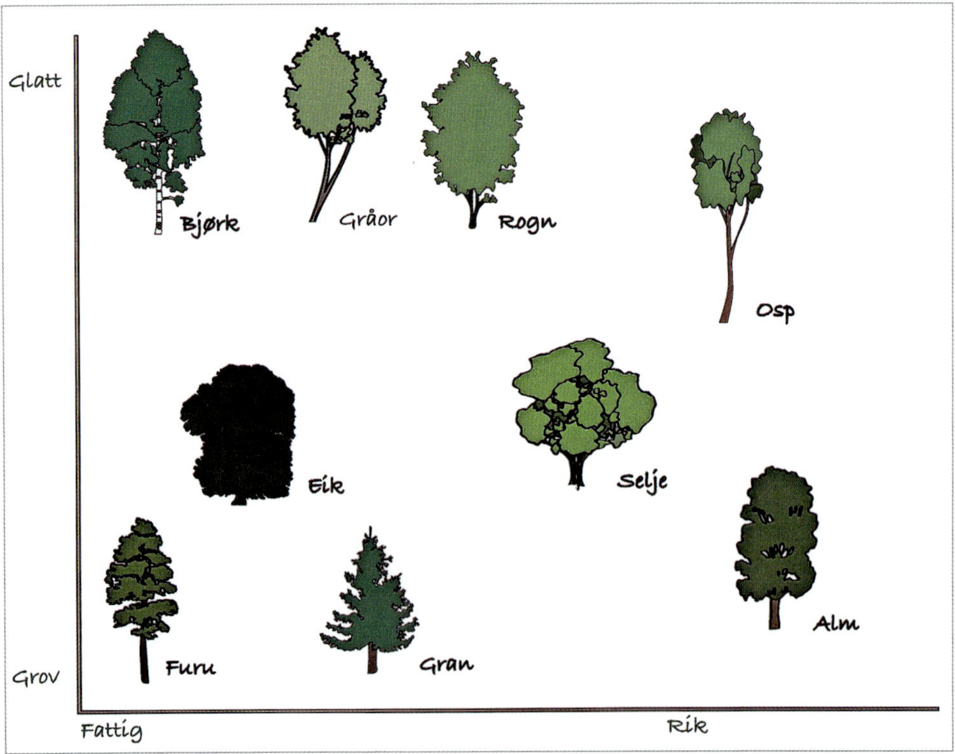

Figur 23. Noen viktige treslag omtrentlig plassert langs fattig/rik-gradienten og glattbark/grovbarkgradienten.

De aller fleste lav er flerårige og blir ofte betrakta som saktevoksende organismer som kan oppnå en betydelig alder. For mange steinboende skorpelav i arktisk/alpint miljø kan nok dette være riktig. Slike arter kan oppnå en alder på flere hundre, kanskje flere tusen år, og kan benyttes til datering av isavsmelting – **likenometri.** Den gjennomsnittlige årlige tilveksten hos de fleste busk- og bladlaver i et temperert klima varierer fra noen millimeter til noen få centimeter. Raskest vekst er påvist hos arter knytta til fuktige kystskoger, f.eks. hos lungenever *Lobaria pulmonaria*. Noen svært små, såkalte efemere lavarter, kan gjennomføre sin livssyklus i løpet av bare noen få måneder.

Substratøkologi

Lav vokser på nesten alle tenkelige typer substrat som jord, stein, trær og på dødt trevirke. Mange vokser blant eller på moser på marka. Noen vokser til og med periodevis neddykka på stein i vatn langs strender og vassdrag. Etter voksestedet bruker vi betegnelsene treboende eller barkboende (epifyttiske) lav, steinboende lav, jordboende lav, moseboende lav og vedboende lav.

For å illustrere noen viktige forhold ved substratet kan egenskaper ved bark benyttes. Det er vesentlig to hovedfaktorer knytta til barken som er viktig for lavene – **kjemiske forhold** (næringsstatus og pH) og **fysiske forhold** (struktur og stabilitet).

Noen treslag har rik bark, dvs. høyt innhold av kalsium som gir grunnlag for høy pH. Dette påvirker i sin tur det vatnet som er tilgjengelig for lavene og gir grunnlag for en flora av næringskrevende arter, f.eks. vanlig messinglav *Xanthoria parietina*. Eksempler på **rikbarkstrær** er alm, ask, lønn og osp. Til de middels rike treslagene hører gråor, rogn og selje, mens bjørk, eik, furu og gran regnes som **fattigbarkstrær** (fig. 23). Næringsstatus i barken påvirkes også av ytre forhold som jordtype, avsetning av støv fra landbruk og ulike virksomheter som f.eks. kalkbrudd eller fossesprut. Treslag som ellers har en fattig bark, kan derfor lokalt ha bark med betydelig rikere lavflora. Kronedrypp fra et tre med rik bark til et fattigbarkstre kan ha en lignende effekt.

Grov og porøs bark holder som regel bedre på fuktigheten, har flere mikrohabitat og større evne til å fange diasporer sammenlignet med glatt bark. Glatt bark har imidlertid større stabilitet sammenligna med grov bark som skaller av kontinuerlig så lenge treet er i aktiv vekst. Avskallende bark er et dårlig voksesubstrat for de fleste laver fordi de ikke får tid nok til å etablere seg. Alle treslag endrer imidlertid en del på barkegenskapene i løpet av livsløpet, i tillegg til at det er stor variasjon både mellom ulike treslag og innen samme treslag. Typiske **glattbarkstrær** er gråor og rogn, mens alm, furu og gran er **grovbarkstrær**. Generelt er det slik at gamle trær med stagnert vekst har den mest stabile barken, best evne til å holde på fuktighet og størst variasjon med hensyn på voksesteder. Dermed har disse også den rikeste lavfloraen.

En del lavarter foretrekker voksesteder med rik tilgang på nitrogen. Slike miljø finnes på steder som er regelmessig benyttet som sitteposter for fugler, f.eks. større steinblokker i fjellet, tretopper og strandberg. På slike fuglesteiner dominerer ofte arter og slekter som ellers er rikt representert på rikbarkstrær, f.eks. messinglav *Xanthoria*, rosettlav *Physcia* og ragglav *Ramalina*. Trollav *Tholurna dissimilis* vokser på fuglegjødsla tretopper, særlig i fjellnær granskog.

Suksesjoner og konkurranse

Lav blir vanligvis oppfatta som **pionerarter** i den forstand at de etablerer seg raskt på naken jord og på bart fjell, for senere å bli utkonkurrert av moser og karplanter. I mange tilfeller er dette riktig, men lav kan også være et viktig innslag og sågar dominerende gjennom hele suksesjonen. Dette gjelder f.eks. i bunnsjiktet i lavfuruskoger (fig. 24), eller for lavsamfunn på trær (fig. 25 & 26).

Figur 24. Lavfuruskog med bunnsjikt dominert av reinlavarter Cladonia.

Figur 25. Ospestamme med lavsamfunn dominert av vanlig messinglav Xanthoria parietina.

Lavsamfunn på trær gjennomgår en suksesjon som i tidlig fase er dominert av skorpelav for seinere å bli mer eller mindre avløst av bladlav og busklav. I seine faser er det også et større eller mindre innslag av moser, til en viss grad avhengig av hvilket treslag det er snakk om. Det er en intens konkurranse om plassen, og mange lav benytter seg av kjemiske veksthemmere i denne krigføringen. Dette kan observeres på trestammer med glatt bark hvor mange skorpelav omgir seg med en blåsvart ring av melanin (se side 204).

Figur 26. Gråorstamme med lavsamfunn dominert av skrubbenever Lobaria scrobiculata og gullprikklav Pseudocyphellaria citrina.

Spredning og etablering

Spredningsevnen hos lavene vet vi forholdsvis lite om, men det er alminnelig antatt at spredning med vind er viktigst. Ettersom spredningsdistansen er avhengig av størrelsen på diasporene, må vi anta at sporer og konidier har større rekkevidde enn soredier og isidier, mens spredning med fragmenter er minst effektivt.

Etableringssuksessen for diasporer er avhengig av en rekke faktorer. Det første problemet som må overvinnes for diasporene, er å bli festet til et substrat som har de rette kvalitetene, samt at tidspunktet og miljøet omkring må være gunstig. Videre må det etableres en forbindelse med den riktige fotobionten dersom det er snakk om konidier eller ascosporer. Etablering fra soredier, isidier og fragmenter har den fordelen at fotobionten er med på lasset.

I og med at mange lavarter har både kjønna og ukjønna reproduksjon, blir det antatt at spredning og etablering fra soredier og isidier er mest effektivt for å opprettholde en populasjon innenfor et begrensa areal. For å danne nye populasjoner over større avstander er det derimot sannsynlig at sporer og konidier er mer effektive. Ettersom det er mange vidt utbredte arter som nesten bare reproduserer vegetativt, må vi anta at det er komplekse forhold som styrer spredning og etablering hos lav.

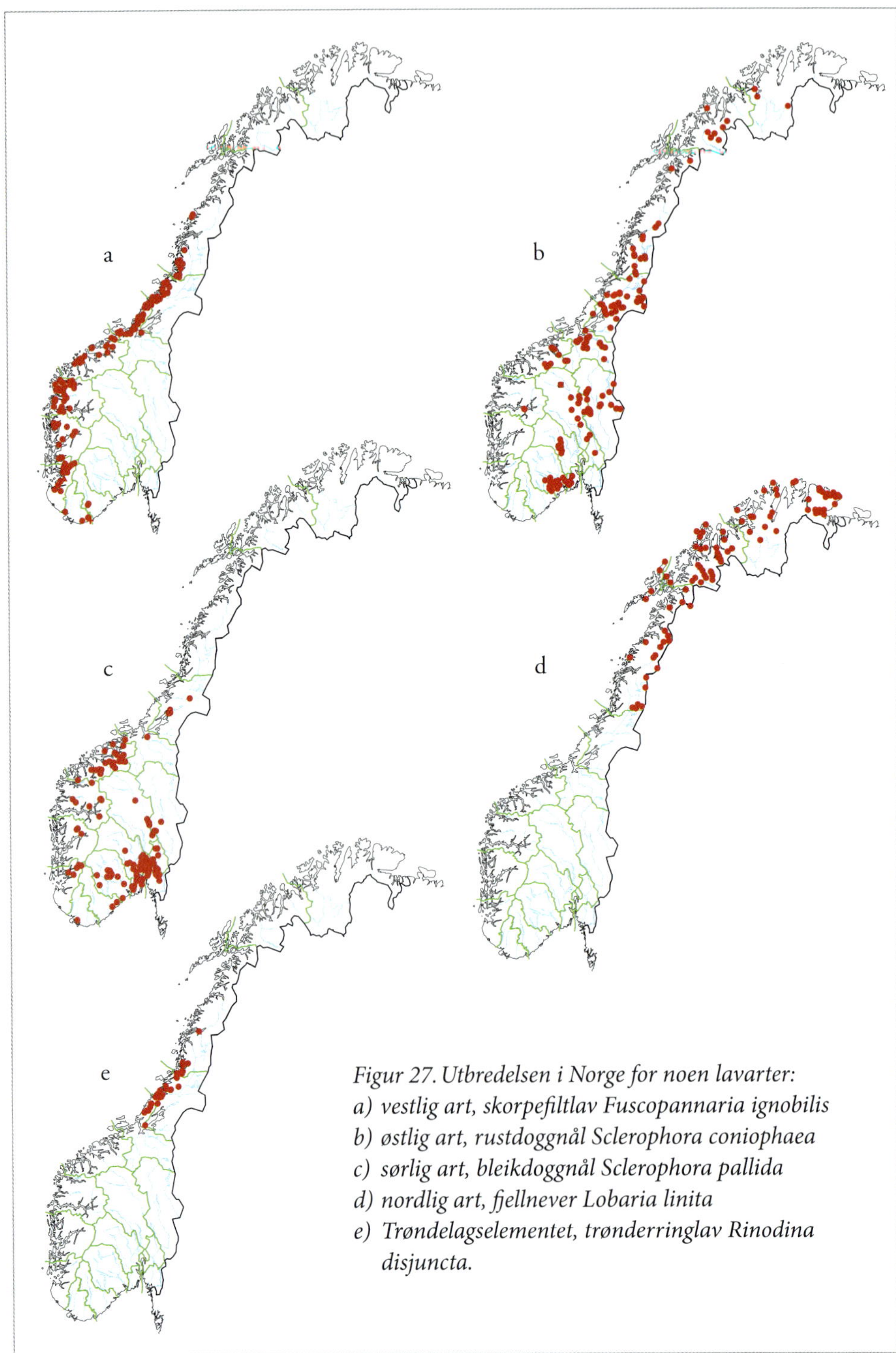

Figur 27. Utbredelsen i Norge for noen lavarter:
a) vestlig art, skorpefiltlav Fuscopannaria ignobilis
b) østlig art, rustdoggnål Sclerophora coniophaea
c) sørlig art, bleikdoggnål Sclerophora pallida
d) nordlig art, fjellnever Lobaria linita
e) Trøndelagselementet, trønderringlav Rinodina disjuncta.

Utbredelse

Noen lavarter er **generalister**, tolererer store klimatiske forskjeller og kan vokse på mange ulike substrattyper. Slike arter har som regel stor utbredelse og finnes stort sett over hele landet, både i lavlandet og i fjellet. Et eksempel på en slik art er vanlig kvistlav *Hypogymnia physodes*. Andre arter er **spesialister** ved at de er avhengige av en bestemt type substrat, en bestemt suksesjonsfase eller at de har helt spesielle og snevre klimatiske krav, eventuelt en kombinasjon av noen av disse faktorene. Noen arter har fått begrenset sin utbredelse på grunn av menneskeskapte forhold som luftforurensning og utbygging.

Plantegeografisk følger lavene stort sett de samme hovedmønstrene som karplanter og kan grupperes i sørlige, sørøstlige, østlige, vestlige, sørvestlige og nordlige arter og fjellarter (fig. 27). Trøndelagselementet er en spesiell undergruppe av de vestlige artene. Dette er treboende arter som har sin norske og europeiske hovedutbredelse i Midt-Norges boreale regnskoger (kystgranskoger). Trønderringlav *Rinodina disjuncta* er et eksempel på en slik art (fig. 27e og side 207). For nærmere omtale av Trøndelagselementet, se Holien & Tønsberg (1996).

En annen spesiell gruppe er Vågåelementet eller steppeelementet som utgjøres av noen få skorpelav som vokser på kalkrik jord og stein. Dette er hovedsakelig sørøstlige og østlige arter som er tilpassa et kontinentalt klima med svært lite nedbør. Noen av disse artene finnes også i indre deler av Troms og Finnmark. Et eksempel på en slik art er kalkskjold *Glypholecia scabra*. Nærmere omtale av Vågåelementet finnes hos Kleiven (1959). Fyldig informasjon om utbredelse av norske lavarter finnes i Norsk Lavdatabase (NLD2) og Artskart på Internett.

Lav som biomonitorer

Sårbarhet for ulike typer forurensning gjør at mange lavarter er velegna som indikatorer på sur nedbør. Det er velkjent at lavfloraen i bystrøk kan være utarma på grunn av luftforurensning, og i det nasjonale nettverket for landbasert naturovervåking inngår derfor epifyttisk lav som en viktig del. Forurensning fra forbrenning av fossilt brensel med utslipp av svoveldioksid og nitrogenoksider er særlig skadelig for lavfloraen. De fleste busklav, samt bladlav med blågrønnbakterier, er mest sårbare for denne typen forurensning.

I de siste 10-årene er lavene også blitt mye brukt som indikatorer på områder med store naturverdier med hensyn til biologisk mangfold. Særlig i arbeidet med kartlegging av nøkkelbiotoper og områder for vern i skog benyttes lav som signalarter på kontinuitet.

Forvaltning av lav

Et viktig grunnlag for arbeidet med forvaltning av lav er vurderinga av de enkelte artenes bestandsstatus og risiko for utdøing i Norge, en såkalt rødlistevurdering. Den første rødlista i Norge omfatta bare busk- og bladlav (Tønsberg et al. 1996, Direktoratet for

Natur- forvaltning 1999). Etter det har rødlista også inkludert skorpelavene og vært revidert omtrent hvert femte år. Den siste revisjonen ble publisert i 2021 (Haugan et al. 2021). Hovedtyngden av rødlista lavarter er knytta til seine suksesjonsstadier i skog (gammel naturskog), kalkrike berg og i kulturlandskapet. For mange arter har Norge de største og mest vitale forekomstene i Europa og Norge har derfor et spesielt ansvar for å forvalte disse. Særlig har det vært fokus på den boreale regnskogen i Midt-Norge og den boreonemorale regnskogen på Sør-vestlandet der det finnes flere svært sjeldne arter. Gjennom ulike forvaltningstiltak som spenner fra opprettelse av reservat til avsetting av nøkkelbiotoper og bruk av lukka hogstformer, søker en i dag å forene bruk av skogen og bevaring av det biologiske mangfoldet. I kulturlandskapet settes det også inn tiltak for å opprettholde noe av den tilstanden som gjennom lang tid har skapt gode forhold for mange sjeldne lavarter.

Innsamling, bestemmelse og preparering av lav

Lav kan samles hele året så framt de ikke er utilgjengelige på grunn av is og snø. Busk- og bladlav løsnes ofte uten redskap, men i mange tilfeller trenger man en kniv, særlig til bladlav som vokser tett tiltrykt på trestammer og stein. Innsamling av skorpelav på trestammer krever at man skjærer tynne flak av barken der laven sitter. En må ikke skjære dypere enn nødvendig og i alle fall ikke så dypt at treet skades. Skorpelav og mange bladlav på stein kan bare samles ved bruk av hammer og meisel.

I felten bør en bruke samleposer av papir. Plastposer bør unngås fordi fuktig lav mugner lett hvis de blir liggende for lenge. Bruk vannfast tusj til å skrive lokalitetsdata på posene.

Fuktige busk- og bladlaver samt skorpelav på myk bark bør gis et lett press i avispapir eller lignende. De bevares da mye bedre samtidig som de tar mindre plass. Tørr lav må fuktes lett med en dusjflaske før den presses. Pressepapiret bør skiftes

Xanthoparmelia conspersa (Ach.) Hale
Stiftsteinlav

NORGE, HORDALAND, BERGEN, Isdalen.
Kartblad 1115 I. Datum WGS84.
60°23.10'N, 5°23.44'E.
UTM: 32V LM 010 007.
Alt. 220–240 m.
På øvre del av steinblokk i einer (*Juniperus communis*)-dominert hei.
28 mars 2005
T. Tønsberg 35141

Figur 28. Eksempel på en etikett. I et universitetsherbarium vil etiketten ofte være skrevet på engelsk og ha et unikt herbarienummer.

ofte slik at laven ikke mugner i pressa. Ferdig preparert lav plasseres på tynn papp og legges i papirkapsler. Opplysninger om finnestedet, voksesubstrat, kartreferanse og dato skrives på framsida, eventuelt på en egen etikett (fig. 28). Kapslene kan så plasseres i skoesker eller lignende.

Til bestemmelse av busk- og bladlav kommer en langt med en vanlig håndlupe med 10–12 × forstørrelse. En god stereolupe (til bruk inne!) vil alltid være en fordel. For enkelte artsgrupper vil det være vanskelig å komme i mål uten bruk av fargereagensene C, K og PD og en UV-lampe. Bestemmelse av de fleste skorpelaver krever mikroskop for å sjekke sporekarakterer og øvrige anatomiske trekk ved fruktlegemene. Mange sterile skorpelav kan bare bestemmes sikkert ved bruk av fargereaksjoner og kromatografi.

Interessante funn, men også vanlige arter, bør belegges i ett av de fire universitetsherbariene i Norge – Bergen (BG), Oslo (O), Tromsø (TROM) eller Trondheim (TRH). Materialet vil der bli kvalitetssikra og dataregistrert for deretter å bli tilgjengelig for forskning både nasjonalt og internasjonalt samt for allmenheten gjennom Norsk Lavdatabase (NLD2) og Artskart på Internett – http://www.toyen.uio.no/botanisk/lavherb.htm.

Ved innsamling skal en alltid passe på at en bare samler en mindre del av forekomsten. Rødlista arter skal ikke samles, men kan dokumenteres med foto.

Bruk av lav

Lav har vært brukt til ulike formål gjennom lang tid. Mest kjent i dag er kanskje bruken av reinlavarten kvitkrull til kranser og andre dekorasjoner. Innsamling til dette formålet er regulert gjennom en egen lov. Ettersom gjenveksten av reinlav er relativt langsom (20–30 år) er det viktig at dette gjøres på en forsvarlig måte.

Lav som utgangspunkt for farging av ullgarn har vært viktig gjennom mange hundre år. Tradisjonen kan føres helt tilbake til de gamle grekerne ca. 300 f.Kr. og den holdes fortsatt ved like av ivrige entusiaster. Mest ettertraktet i Norge har nok vært blærelav *Lasallia pustulata* (side 162) og fargekorkje *Ochrolechia tartarea* (side 291) som begge gir en purpur farge. Andre arter som har vært brukt hos oss er islandslav *Cetraria islandica*, vanlig kvistlav *Hypogymnia physodes*, grå fargelav *Parmelia saxatilis* og strylavarter *Usnea* spp. som gir ulike nyanser i gult, brunt, oransje og rødbrunt (fig. 29). Dessverre vil de fleste lavfarger avbleikes lett av sollyset. For mer detaljerte opplysninger om garnfarging med lav henvises til Torkelsen (2021).

Bruk av lav i folkemedisinsk sammenheng har også lang tradisjon. I den såkalte signaturlæren i folkemedisinen som går ut på at «likt helbreder likt» ble blant annet vanlig messinglav *Xanthoria parietina* brukt mot gulsott. I følge den samme tradisjonen kunne man bruke lungenever *Lobaria pulmonaria* mot lungesykdommer.

Flere stoffer i lav har dokumentert antibiotisk og/eller antiviral virkning. Særlig kjent er stoffer som opptrer i barklaget hos mange lav, f.eks. atranorin og usninsyre. Disse stoffene har imidlertid ikke fått noen stor anvendelse ettersom de begge lett gir

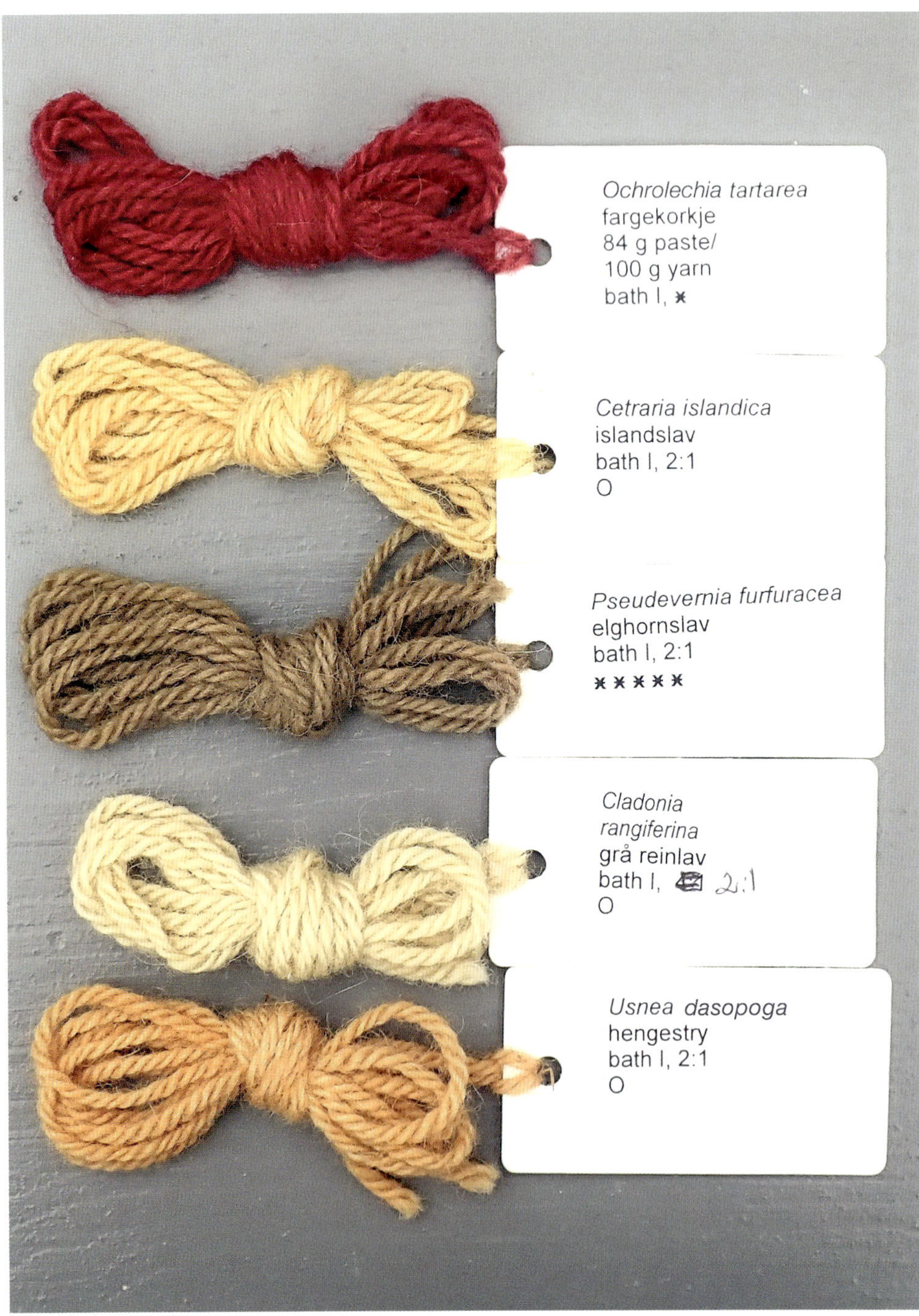

Figur 29. Noen garnprøver som er farget med lav.

allergiske reaksjoner. Andre stoffer i lav kan være giftige som for eksempel vulpinsyre som finnes i ulvelav *Letharia vulpina*.

Bruk av lav til mat har aldri fått noen stor anvendelse i Norge. Islandslav er den eneste lavarten som har vært brukt i noen grad. Den inneholder blant annet en del tungt nedbrytbare karbohydrater, samt jod og andre mineraler. Islandslav inneholder også til dels store mengder bitterstoffer. Før tilberedelse ble derfor laven lutet for å fjerne bitterstoffene. Islandslav blir fortsatt solgt som kosttilskudd i helse-kost-butikker. Lav inneholder en del vitaminer og D-vitamin-preparater særlig myntet på veganere og vegetarianere finnes på markedet (fig. 30).

Figur 30. D-Vitaminpreparat basert på lav.

Busk- og bladlav

Anaptychia ciliaris **Allélav** × 2

Tallus blad- til buskforma, lyst til mørkt grått, opptil 10 cm i diameter. Lober opptil 2 mm breie med karakteristiske, hårete cilier langs kanten. Fruktlegemer med svart skive. På stammer av rikbarkstrær og på berg og blokker. Vanligst på Østlandet. Spredt i resten av landet nord til Finnmark. En avvikende form med brun og mer eller mindre naken overside forekommer på strandberg langs kysten.

Anaptychia runcinata **Svaberglav** × 2

Tallus bladforma, opptil 1 dm i diameter, ofte tettsittende til sammenflytende, mørkt rødbrunt, matt. Lober varierende i størrelse, ofte smale og tett taklagte mot sentrum, breiere mot kanten, som regel med tallrike, skiveforma fruktlegemer. Oftest på strandberg. Utbredt langs kysten nord til Finnmark, men sjelden lengst nord.

Heterodermia speciosa **Elfenbenslav** × 2

Tallus bladforma, opptil noen cm i diameter, elfenbenshvit til lyst gråaktig. Leppeforma soral i spissen av hovedlobene og endestilte på korte sidelober. Oftest på mosekledde berg, mer sjelden på trestammer og død ved. Utbredt i innlandet fra Akershus og Buskerud til Sør-Trøndelag, vestover til indre Sogn og med isolerte forekomster i Målselv og Nordreisa i Troms. Sjelden. Rødlisteart (EN – sterkt trua).

Phaeophyscia ciliata **Osperosettlav** × 5

Tallus bladforma, rosettaktig, med djupe innskjæringer, opptil noen cm i diameter, gråbrunt eller grønnaktig til mørkt brunt, tett besatt med svarte, skiveforma fruktlegemer med lys talluskant med en krans av hår på undersida. Tallus-undersida svart med tallrike, enkle festetråder. På løvtrær med rik bark, særlig osp. Mest i innlandet fra Østfold og Agder til Finnmark. Sjelden eller mangler på Sør- og Vestlandet.

Phaeophyscia constipata **Kalkrosettlav** × 5

Tallus oftest uregelmessig utbredt, opptil noen cm i diameter, med oppstigende, ganske skjøre, grågrønne til brunaktige lober. Undersida lys med tynne festetråder som ofte er synlige fra oversida. Blant moser på kalkrik grunn. Bisentrisk utbredelse. I innlandet i Sør-Norge fra Oslo til Oppdal i Sør-Trøndelag, samt Troms og Finnmark.

Phaeophyscia orbicularis **Grønn rosettlav** × 1

Grønn rosettlav ligner osperosettlav i fargen, men skiller seg fra denne ved at lobene har flate- eller kantstilte, ofte svakt gulgrønne soral, og at fruktlegemer er sjeldne. Oftest på løvtrær med rik bark, særlig osp, men også på kalkrike berg, betongmurer og fuglegjødsla stein. Utbredt i hele landet.

Phaeophyscia sciastra **Stiftrosettlav** × 5

Tallus rosettforma, opptil noen cm i diameter, ofte flere sammenflytende, som regel mørkt gråbrunt til brunsvart. Lober opptil 1 mm breie, med grynaktige isidier langs kantene, av og til også på flata. Oftest på sure bergarter som er påvirka av sildrevatn eller fugleskitt, sjelden på død ved. Utbredt i hele landet.

Physcia aipolia **Vanlig rosettlav** × 2

Tallus bladforma, rosettaktig, med djupe innskjæringer, opptil 1 dm i diameter, lyst til mørkere grått med, små, hvite flekker. Oversida med skiveforma, svarte fruktlegemer som ofte har et rimaktig belegg. Undersida med tallrike festetråder. Marg K+ gul. På løvtrær med rik bark, særlig osp. Utbredt i hele landet. **Stjernerosettlav** *P. stellaris* ligner, men er mindre, mangler de hvite flekkene på oversida, og har marg som er K–.

Physcia caesia **Hoderosettlav** × 2

Hoderosettlav ligner vanlig rosettlav i farge og form, men skiller seg fra denne ved å ha flate- til kantstilte, konvekse soral. Fruktlegemer sjeldne. Marg K+ gul. På stein, helst kalkrikt eller fuglegjødsla, og på løvtrær med rik bark. Ikke sjelden på betongmurer og gravsteiner. Utbredt i hele landet. **Fuglesteinlav** *P. dubia* har gjennomgående endestilte, leppeforma soral, og K– marg.

Physcia dimidiata **Grynrosettlav** × 2

Tallus bladforma, uregelmessig eller rosettforma, opptil 3 cm i diameter, sammenflytende med andre eksemplarer, lyst gråaktig til gråbrunt med hvitt rimaktig belegg. Midten av tallus ofte med små sekundærlober. Soral, med grove, grynaktige soredier, langs kantene og på flatene. Fruktlegemer ikke kjent i norsk materiale. På kalkrike berg og blokker, lysåpent og solrikt, mest i kontinentale strøk. Utbredt særlig i øvre Gudbrandsdalen og Valdres, sjelden på Østlandet og i indre fjordstrøk på Vestlandet, samt i Trøndelag, Troms og Finnmark. Rødlisteart (NT – nær trua).

Physcia tenella **Frynserosettlav** × 5

Tallus rosettaktig, opptil noen cm i diameter, som regel med oppstigende lober, lyst grått. Lober med lange trådforma utvekster langs kanten og leppeforma soral i spissene. På løvtrær med rik bark og på kalkrik stein. Utbredt i kyst- og fjordstrøk i hele landet. Mangler i innlandet. En form som vokser på strandberg er mørkere og mer tiltrykt. **Hjelmrosettlav** *P. adscendens* ligner, men har hjelmforma soral.

Physconia distorta **Skåldogglav** × 2

Tallus bladforma, rosettaktig, opptil 1 dm i diameter, gråbrunt til mørkt brunt, grønnaktig i fuktig tilstand, som regel med tallrike, brunsvarte, skiveforma fruktlegemer. Tallus og fruktlegemer med tydelig rimaktig belegg. På løvtrær med rik bark og på kalkrikt berg. Utbredt i hele landet, men sparsom lengst nord.

Physconia enteroxantha **Pulverdogglav** × 2

Pulverdogglav skiller seg fra skåldogglav ved at lobene har gulaktige, kantstilte linjesoral. Fruktlegemer sjeldne. Marg K+ gul. Voksesteder som for skåldogglav. Utbredt nord til Finnmark, men spredt nord for Dovre. **Brundogglav** *P. detersa* ligner, men har blågrå soral, delvis glinsende bark og margen er K–.

Physconia perisidiosa **Leppedogglav** × 2

Leppedogglav er oftest uregelmessig rosettaktig, opptil noen cm i diameter, og tallus består gjerne av flere sammenflytende eksemplarer. Oversida mørkt brun og blank, men ofte dekket av et blåhvitt rimaktig belegg. Lober korte, oppstigende, med blågrå, leppeforma soral. På gamle edelløvtrær og blant moser på kalkrike berg. Vanligst på Østlandet, mer sjelden i Trøndelag og Nord-Norge. Mangler på Sør- og Vestlandet.

Tholurna dissimilis **Trollav** × 2

Tallus buskforma, grått til gråbrunt, i opptil noen cm breie, halvkuleforma kolonier. Greiner fingeraktige, hule. Fruktlegemer skålforma, i greinspissene, med svart sporemasse omgitt av et brunt, sylinderforma hylster. Mest i toppen av grantrær som er påvirka av fuglegjødsling. Utbredt fra Telemark til Grane i Nordland. Mangler langs kysten. Vanligst i fjellnær skog.

Cladonia arbuscula **Lys reinlav** × 2

Tallus buskforma, oppstigende, opptil 1 dm høyt, rikt greina med hovedsakelig firedelt forgreining og ensidig bøyde greinspisser, bleikgult. Greiner filtaktige (mangler bark). Greinspissene med brune pyknidier, av og til også med små, brune, knappforma fruktlegemer. På næringsfattig mark. Utbredt i hele landet. **Fjellreinlav** *C. mitis* ligner, men er slankere, forgreiningen er tredelt, og greinspissene er som regel allsidig bøyde.

Cladonia rangiferina **Grå reinlav** × 0,5

Grå reinlav ligner lys reinlav, men skiller seg ved fargen, som varierer fra gråhvit til bleikt blyfarga. Basis som regel bleik, men kan være litt sverta nederst (sml. svartfotreinlav neste side). På næringsfattig mark, danner ofte tepper sammen med lys reinlav (øverst i høyre hjørne). Utbredt i hele landet.

Cladonia stellaris **Kvitkrull** × 0,5

Denne typiske reinlavarten kjennes lett på sine tettgreina, avrunda topper. Fargen går i gulhvitt til lyst gult. Tallus UV+ blåhvitt. På marka i fattig skog, særlig vanlig i kontinentale furuskoger. Utbredt i hele landet, men forholdsvis sjelden på Sør- og Vestlandet. Kan bare forveksles med **kystreinlav** *C. portentosa*, som ofte er gråaktig og har en åpnere forgreining. Langs kysten fra Østfold til Troms.

Cladonia stygia **Svartfotreinlav** × 2

Svartfotreinlav skiller seg fra grå reinlav ved at basis er tydelig sverta og tett besatt med runde, lyse areoler. Greinene har dessuten ofte et rødbrunt preg, og pyknidiene inneholder et rødt pigment (lupe!). Vokser gjennomgående fuktigere enn grå reinlav og er ikke sjelden på myr. Utbredt i hele landet.

Cladonia uncialis **Pigglav** × 2

Tallus buskforma, tuedannende, oftest med to- til tredelt forgreining og åpne greinvinkler, opptil noen cm høyt, bleikgult til gulgrønt. Greiner med glatt og jevn bark som virker flekkete fordi algen er ujevnt fordelt. Greinene ender i to brune pyknidier som peker motsatt vei. På næringsfattig mark, ofte sammen med reinlavarter. Utbredt i hele landet. **Blåpigglav** *C. zopfii* ligner, men er uregelmessig forgreina med lukka greinvinkler, ruglete bark og en blågrønn fargetone. Langs kysten fra Østfold til Rødøy i Nordland.

Cladonia amaurocraea **Begerpigglav** × 2

Begerpigglav skiller seg fra pigglav ved at greinspissene ofte danner smale, tanna begre, og at fargen gjennomgående er mer brunaktig i øvre del. Oftest blant moser på berg og i blokkmark. Utbredt i hele landet, men er sjelden eller mangler på Sør- og Vestlandet.

Cladonia bellidiflora **Blomsterlav** × 2

Tallus består av basalskjell og oftest ugreina, gulgrønne podetier som er okergule ved basis. Podetiene er som regel tett besatt med utstående skjell. Spissene uten eller med smale begre. Reagerer UV+ blåhvitt. Fruktlegemer og pyknidier røde. Variabel art. På næringsfattig mark og mosekledde berg. Utbredt i hele landet.

Cladonia coccifera **Grynrødbeger** × 3

Tallus består av basalskjell og opptil et par cm høye, gulgrønne begerforma podetier. Beger og stilk som regel med barkkledde gryn. Fruktlegemer og pyknidier røde. På næringsfattig mark, humusdekket berg og død ved. Utbredt i hele landet. **Glattrødbeger** *C. borealis* har oftest glatte podetier uten gryn, mens **pulverrødbeger** *C. pleurota* har breie podetier med soredier og **heirødbeger** *C. diversa* har slanke podetier dekket av bittesmå skjell.

Cladonia digitata **Fingerbeger** × 3

Fingerbeger kan ligne arter i rødbeger-gruppen, men skiller seg ut ved følgende kjennetegn: Fargen er gråhvit til bleikgrønn. Basalskjellene er store og avrunda, med fine soredier langs kanten og på undersida. Podetier ofte uregelmessige med fingeraktige utvekster fra begerkanten, barkkledde nederst, ellers flekkvist sorediøse. Tallus K+ gult. Oftest på død ved, men også på humusrik jord. Utbredt i hele landet. **Kystrødbeger** *C. polydactyla* er slankere og har små basalskjell med fine innskjæringer.

Cladonia floerkeana **Kystrødtopp** × 2

Tallus består av basalskjell og ugreina eller svakt greina, noen cm høye, gråhvite til grågrønne podetier. Begre mangler. Podetier med ruglete bark, ofte med små skjell nederst, av og til med grove soredier. Fruktlegemer og pyknidier røde. Oftest på humusrik jord, torv og død ved. Utbredt i kyst- og fjordstrøk fra Østfold til Finnmark. Sjelden i innlandet. **Melrødtopp** *C. macilenta* kan ligne, men har finsorediøse podetier.

Cladonia norvegica **Bleiksyl** × 2

Tallus består av fint oppdelte basalskjell som kan ha røde flekker på undersida, og sylforma, helsorediøse, opptil 4 cm høye, grågrønne podetier som ofte er bøyd tilspissa. Fruktlegemer bleikt kjøttfarga, ikke vanlige. På morken ved og basis av trær i barskog. Utbredt på Østlandet og fra Trøndelag til Hamarøy i Nordland. Sjelden på Vestlandet. **Stubbesyl** *C. coniocraea*, se side 58, er svært lik, men har mindre oppdelte basalskjell, andre lavsyrer og brune fruktlegemer.

Cladonia sulphurina **Fausklav** × 2

Fausklav kjennes lett på sine slanke, opptil 7 cm høye, svovelgule til gulgrønne podetier som sprekker opp på langs. Podetiene er finsorediøse øverst, barkkledde og ofte med utstående skjell nederst. Eventuelle begre er smale og uregelmessige, gjennomhullet. Tallus UV+ blåhvitt. På humusrik jord, torv og død ved. Utbredt i hele landet. **Begerfausklav** *C. deformis* ligner, men har podetier som er UV–, mangler langsgående sprekker og har regelmessige, breiere begre.

Cladonia botrytes **Stubbelav** × 3

Tallus består av ørsmå basalskjell og ugreina eller sparsomt greina, opptil et par cm høye, gulgrønne podetier. Podetier med glatt eller noe ruglete bark og med bleikt kjøttfarga frukt-legemer. På død ved av bartrær, mer sjelden på humusrik jord. Utbredt i innlandet fra Østfold til Finnmark. Mangler på Sør- og Vestlandet.

Cladonia carneola **Bleikbeger** × 3

Tallus består av små basalskjell og begerforma, opptil et par cm høye podetier, som er bleikt gulgrønne og nesten gjennomsiktige i fuktig tilstand. Som regel med fine soredier helt til basis. Begre med tanna kant av brune pyknidier, av og til med nye begre fra kanten av det gamle. Fruktlegemer bleikt kjøttfarga. På død ved og humusrik jord. Utbredt i hele landet, men sjelden på Sør- og Vestlandet.

Cladonia cenotea **Meltraktlav** × 2

Tallus består av små basalskjell og av sparsomt greina, opptil noen cm høye, gråhvite til brunaktige podetier med smale, uregelmessige, åpne begre som har innbøyd kant med utvekster. Skyggeformer grønne. Med fine soredier til basis, av og til med bark og utstående skjell i nedre del. Tallus UV+ blåhvitt. Fruktlegemer og pyknidier brune. Oftest på død ved og på humusrik jord. Utbredt i hele landet, men sjelden på Sør- og Vestlandet.

Cladonia crispata **Traktlav** × 0,5

Traktlav skiller seg fra meltraktlav ved at de vidåpne begrene har markert tanna kant (stilka pyknidier), og ved at det ofte dannes nye begre fra kanten av det gamle, gjerne i flere etasjer. Soredier mangler. Blant moser på næringsfattig mark, humusdekket berg og død ved. Utbredt i hele landet.

Cladonia furcata **Gaffellav** × 1

Tallus består av runde basalskjell og gaffelgreina, opptil 1 dm høye podetier, bleikt grågrønt til noe brunaktig. Podetier med åpne greinvinkler, ofte også med langsgående sprekker og spredte, utstående skjell. Greinspisser med brune pyknidier eller med små, brune, knappforma fruktlegemer. Oftest blant moser på marka, særlig i barskog. Utbredt i hele landet. **Gryngaffel** *C. scabriuscula* ligner, men har grove soredier mot greinspissene.

Cladonia squamosa **Fnaslav** × 0,5

Fnaslav kan ligne gaffellav, men kjennetegnes ved at podetiene er lite og uregelmessig greina og tett besatt med skjell. I motsetning til gaffellav reagerer fnaslav UV+ blåhvitt. Blant moser på næringsfattig mark, på humusdekket berg og på død ved. Svært variabel. Utbredt i hele landet.

Cladonia acuminata **Spisslav** × 2

Tallus består av små, flikete basalskjell og ugreina eller sparsomt greina, opptil noen cm høye, gråhvite til grågrønne podetier. Podetier med langsgående striper; nederst med utstående skjell, øverst som regel med gryn som lett faller av. Tallus reagerer K+ rødt (norstictinsyre). Fruktlegemer brune, sjeldne. Blant moser på kalkrikt substrat, særlig berg med tynt jordlag. Utbredt hovedsakelig i innlandet fra Østfold til Finnmark. Mangler på Sør- og Vestlandet.

Cladonia cariosa **Småtrevlelav** × 2

Tallus består av små, helranda basalskjell med brune pyknidier og ganske små, opptil 3 cm høye, mer eller mindre forgreina podetier. Podetiene har tydelige langsgående striper, mangler skjell og gryn og danner rikelig med mørkt brune fruktlegemer i spissene. På mineraljord, mest på kalkrik grunn, men ofte i forstyrra habitat som vegskjæringer. Utbredt i det meste av landet, men sjelden eller mangler på Sør- og Vestlandet.

Cladonia macrophylla **Trevlelav** × 2

Tallus består av forholdsvis store, avrunda basalskjell og opptil noen cm høye, ugreina eller sparsomt greina, grågrønne til gråhvite podetier med langsgående striper og tiltrykte, skjoldforma skjell. Fruktlegemer konvekse, mørkt brune. På torv, humusdekket berg og på død ved. Utbredt i hele landet.

Cladonia parasitica **Furuskjell** × 3

Tallus består av fint forgreina, koralloide, oppstigende, gråhvite basalskjell, som regel med brune pyknidier. Podetier mangler ofte, opptil et par cm høye, gråhvite til noe brunaktige, ofte avbarka og med små barkkledde gryn, av og til med skjell mot basis. Reagerer K+ svovelgult. Fruktlegemer mørkt brune, ofte flere sammen i grupper. Vanligvis på død ved av furu, mer sjelden på ved av eik og gran. Utbredt i hele landet, men ikke vanlig. Rødlisteart (NT – nær trua).

Cladonia coniocraea **Stubbesyl** × 2

Tallus består av små, forholdsvis lite oppdelte basalskjell og sylforma, opptil 4 cm høye podetier med grønne soredier nesten til basis. Fruktlegemer brune, ikke vanlige. På morken ved, særlig gamle stubber, og basis av trestammer. Utbredt i hele landet. **Stubbestav** *C. ochrochlora* kan ligne, men har normalt flekkvis barkkledde podetier og smale begre. For forskjell mot **bleiksyl** *C. norvegica*, se denne.

Cladonia cornuta **Skogsyl** × 2

Skogsyl skiller seg fra alle andre sylforma begerlavarter ved at de opptil 1 dm høye podetiene har askegrå til brune soredier i øvre del, og ved at de er jevnt barkkledde mot basis. Smale begre kan forekomme. Fruktlegemer og pyknidier mørkt brune. På næringsfattig mark, humusdekket berg og død ved. Utbredt i hele landet, men forholdsvis sjelden på Sør- og Vestlandet.

Cladonia ecmocyna **Snøsyl** × 3

Tallus består av opptil 10 cm høye, ofte halvveis nedliggende, lyst grå til blågrå, sjelden brunlige podetier. Basalskjell mangler. Podetiene er helt barkkledde og har ofte lyse flekker, ofte også spredte skjell i nedre del, tilspisset i endene eller med smale begre. Basis av podetiene har en gulaktig til oker farge. Oftest på noe snøleiepreget mark i fjellet, men opptrer også i nordboreal skog. Utbredt fra Setesdalen til Finnmark. **Storsyl** *C. maxima* ligner, men podetiene er brune og mangler skjell.

Cladonia gracilis **Syllav** × 3

Tallus består av slanke, ugreina eller sparsomt greina, opptil 1 dm høye, bleikt grågrønne til mørkebrune podetier. Basalskjell mangler vanligvis. Podetier med flekkete overflate, uten soredier, tilspisset eller med smale begre, av og til med utstående skjell mot basis. Fruktlegemer og pyknidier brune. Blant moser på næringsfattig mark og på humusdekket berg. Utbredt i hele landet. Svært variabel art som er splittet i flere underarter.

Cladonia fimbriata **Melbeger** × 2

Melbeger kan vanligvis kjennes igjen på sine slanke podetier, med smale, oftest skarpt avsatte begre som er dekket av fine soredier. Begerkanten er ofte innoverbøyd. Fargen varierer fra bleikt gråhvitt til brunaktig. Fruktlegemer og pyknidier mørkt brune. På næringsfattig mark, gjerne på mineraljord, men også på død ved. Utbredt i hele landet.

Cladonia merochlorophaea **Brunbeger** × 2

Brunbeger tilhører en vanskelig gruppe brunfrukta begerlav som reagerer UV+ blåhvitt. Podetiene har regelmessige, sjokoladebrune, jevnt avsmalnende begre med ruglete bark. Oftest på humusrik jord og på torv, men også på død ved. Utbredt i hele landet. Artene i dette komplekset kan bare bestemmes sikkert basert på innholdet av lavsyrer.

Cladonia peziziformis **Lyngpolster** × 3

Tallus består av små, sjelden over 0,5 cm høye, podetier som er ugreina eller svakt greina øverst. Alltid med ett eller flere brune, konvekse fruktlegemer i toppen. Pionerart på jord i røsslyngheier som har vært utsatt for brenning. Sjelden art som kun er kjent fra Hordaland. Rødlisteart (EN – sterkt trua). Kan forveksles med **stubbelav** *C. botrytes*, som blir større og har bleikt kjøttfarga fruktlegemer.

Cladonia phyllophora **Svartfotlav** × 2

Svartfotlav kjennetegnes ved at podetiene er svakt filtaktig i yngre deler, svartflekket mot basis og sparsomt greina, opptil noen cm høye. Begrene er uregelmessige og danner nye fra kanten. Fruktlegemer og pyknidier brune. Blant moser på humusdekket berg. Utbredt i hele landet. **Glatt svartfotlav** *C. trassii* er slankere, mangler filtaktig overflate, har skjell som lett brekker av og danner nye begre fra sentrum av det gamle. Fjellart.

Cladonia pyxidata **Kornbrunbeger** × 3

Tallus består av basalskjell og begerforma, opptil et par cm høye, bleikgrønne til brunaktige podetier. Typisk for arten er ganske breie begre som smalner jevnt mot stilken, og grove barkkledde gryn som kler både utsida og innsida av begrene. Fruktlegemer og pyknidier mørkt brune. På næringsfattig mark, humusdekket berg og død ved. Utbredt i hele landet. **Pulverbrunbeger** *C. chlorophaea* ligner, men har soredier, mens **kalkbeger** *C. pocillum* har basalskjell som vokser sammen og blir nesten putedannende.

Cladonia strepsilis **Polsterlav** × 1

Tallus putedannende, opptil 1 dm i diameter, av grønne til gulbrune basalskjell som sitter tett sammen. Podetier mindre vanlige, uregelmessige, opptil et par cm høye. Reagerer C+ irrgrønt og er derfor lett å bestemme. Brune pyknidier på basalskjellene. På næringsfattig mark, særlig i fuktige kystheier. Utbredt i kyst- og fjordstrøk fra Østfold til Finnmark. Sjelden i innlandet.

Cladonia subcervicornis **Kystpute** × 3

Kystpute kan ligne polsterlav, men basalskjellene er større, avlange, ofte greina og svarte mot basis. Podetier ikke sjeldne, opptil noen cm høye, uregelmessige og oppsprukne med uregelmessige begre og brune fruktlegemer. Oftest på strandberg og skrånende bergflater påvirka av sildrevatn. Utbredt langs kysten fra Østfold til Finnmark.

Cladonia symphycarpa **Kalkpolster** × 2

Tallus består hovedsakelig av basalskjell som danner mer eller mindre løse puter. Basalskjell variable, runde til avlange, ofte oppstigende og tilbakerullet, grågrønne med brunlige kanter. Podetier sjeldne, små, med lengdestriper. Flere kjemiske raser. Blant moser på marka og på humusdekket berg, oftest på baserik grunn. Spredt i det meste av landet, men sjelden eller mangler på Sør- og Vestlandet.

Cladonia turgida **Narreskjell** × 2

Narreskjell er svært variabel. Basalskjell store, avlange og med innrulla kanter, grågrønne med hvit underside. Podetier opptil 5 cm høye, uregelmessige, oppblåste, ofte med langsgående sprekker, grågrønne med brune spisser. Eksemplarer helt dominert av basalskjell eller bare podetier forekommer. Blant moser på marka, oftest på noe baserikt substrat. Utbredt i hele landet, men forholdsvis sjelden langs kysten.

Pilophorus cereolus **Grynkolve** × 0,5

Tallus gråhvitt til grågrønt og består av en skorpeforma horisontal del som er grynete og delvis oppløst i soredier, og med rødbrune kolonier av blågrønnbakterier, og en vertikal del som består av ugreina, opptil 1 cm høye pseudopodetier som oftest ender i hodeforma soral, mer sjelden i kuleforma, svarte fruktlegemer. På fuktige berg, ofte i nærheten av vassdrag. Spredt i det meste av landet nord til Finnmark. Mangler på Sørlandet. Rødlisteart (VU – sårbar).

Pilophorus robustus **Fjellkolve** × 3

Fjellkolve skiller seg fra grynkolve ved at horisontaldelen er dårlig utvikla, og ved at pseudopodetiene er opptil noen cm høye, svakt greina, dekket av barkkledde gryn, som regel også med rødbrune kolonier av blågrønnbakterier og alltid med fruktlegemer. Soredier mangler. På berg og blokker, fortrinnsvis i fjellet. Spredt i innlandet fra Telemark til Finnmark. Rødlisteart (VU – sårbar).

Pilophorus strumaticus **Kystkolve** × 3

Kystkolve skilles fra de andre artene i slekta ved at horisontaltallus er godt utvikla, nesten putedannende i ekstreme fall, og ved å ha kortere, som regel ugreina pseudopodetier. Mest på silikatberg og steiner langs kysten, ikke sjelden på sildreflater. Opptrer også i kløfter lenger inn i landet. Utbredt i kyst- og fjordstrøk fra Oslofjorden til Lofoten.

Pycnothelia papillaria **Nuddlav** × 3

Tallus består av en gråhvit, skorpeforma horisontal del og en vertikal del som kan variere fra små vorter til oppblåste, koralloide, opptil et par cm høye, grå til gråbrune podetier. På næringsfattig, ofte sandholdig, erodert mark, særlig i fuktige kystheier. Utbredt fra Østfold til Finnmark.

Alectoria nigricans **Jervskjegg** × 2

Tallus buskforma, i opptil flere cm høye tuer, gråhvitt til mørkt grått, gråbrunt til brunsvart mot spissene. Greiner sylindriske, med markerte, hvite, flate til svakt konkave barkporer. Oftest i glisne tuer på avblåste rabber og på toppen av store steinblokker. Utbredt i fjellet i hele landet.

Alectoria ochroleuca **Rabbeskjegg** × 2

Rabbeskjegg ligner jervskjegg, men har gjennomgående større, grovere og tydelig gule greiner og konvekse barkporer. Fruktlegemer kan forekomme, brune, skiveforma. Voksesteder som for jervskjegg. Utbredt i fjellet i hele landet.

Alectoria sarmentosa **Gubbeskjegg** × 0,2

Tallus buskforma, hengende, opptil flere dm langt, bleikgult til grågrønt. Greiner sylindriske, av og til avflata i greinvinklene, med små hvite, som regel konvekse barkporer. Fruktlegemer brune, skiveforma. I sjeldne tilfeller kan runde soral forekomme. Oftest hengende på fattigbarkstrær i eldre naturskog, mer sjeldent på bergvegger og på marka. Kan forveksles med hengende arter i slekta **strylav** *Usnea*, men disse har alle en elastisk margstreng, og med **trådragg** *Ramalina thrausta*, som har krokforma greinspisser. Utbredt i hele landet, men vanligst i fjellnær skog på Østlandet og i Trøndelag. Rødlisteart (NT – nær trua).

Allantoparmelia alpicola **Fjelltopplav** × 2

Tallus bladforma, ofte rosettdannende, opptil noen cm i diameter, mørkt grått til brunsvart. Lober kompakte, konvekse og som regel uregelmessig innsnørte og knudrete. Fruktlegemer brunsvarte, skiveforma, vanlige mot midten av tallus. På stein, særlig av sure bergarter. Utbredt i fjellet fra Agder til Finnmark.

Arctocetraria andrejevii **Polarskjerpe** × 2

Tallus buskforma, opprett, opptil 10 cm høyt, mørkebrunt til lyst brunt, ofte gråfarga ved basis. Lober renneforma, ofte noe rynkete og mer eller mindre glinsende. Fruktlegemer sjeldne, brune. På marka blant moser og lyng. Sjelden, kun kjent fra Varanger-halvøya i Finnmark. Rødlisteart (CR – kritisk trua).

Arctoparmelia centrifuga **Stor gulkrinslav** × 0,5

Tallus bladforma, rosettdannende, ofte i konsentriske ringer (bortdøende fra sentrum), opptil flere dm i diameter, gult. Oversida glatt, ofte med svarte prikker (pyknidiemunninger). Fruktlegemer mot midten, brune, skiveforma. På sure bergarter. Utbredt i hele landet, men sjelden på Sør- og Vestlandet. **Liten gulkrinslav** *A. incurva* er mindre, har hodeforma, flatestilte soral og mangler som regel fruktlegemer.

Asahinea chrysantha **Finnmarkslav** × 2

Tallus bladforma, opptil 1 dm i diameter, gult. Lober breie, avrunda og rynkete, av og til med svarte pyknidier i kanten. Undersida glinsende brun mot kantene, ellers svart. Blant moser på berg. Sjelden, nordøstlig art som bare er kjent fra Nesseby og Porsanger i Finnmark. Rødlisteart (EN – sterkt trua).

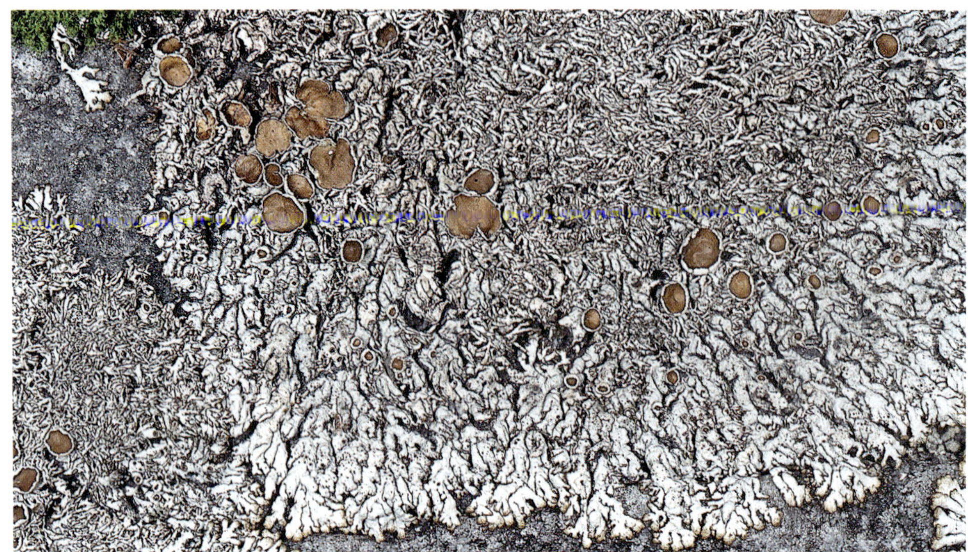

Brodoa intestiniformis **Tarmrabbelav** × 1

Tallus bladforma, opptil flere dm i diameter, med tallrike, smale, kompakte sekundærlober, grått, brunaktig i kanten. Marg KC–. Fruktlegemer brune, skiveforma, vanlige mot midten av tallus. På stein, ofte i blokkmark i fjellet og i fjellnær skog. Utbredt i hele landet, men forholdsvis sjelden i lavlandet og ved kysten. **Alperabbelav** *B. atrofusca* har tiltrykt tallus med sammenhengende kant, mens **fjellrabbelav** *B. oroarctica* har uregelmessige og delvis oppstigende lober. Begge mangler sekundærlober og har KC+ rød marg.

Bryocaulon divergens **Fjelltagg** × 2

Tallus buskforma, i løse tuer eller matter, opptil 1 dm høyt, med sylindriske, ofte noe kantete greiner, glinsende kastanjebrunt til brunsvart. Greiner med tallrike, hvite, svakt konvekse barkporer. På rabber i fjellet i hele landet, men sjelden i Midt-Norge.

Bryoria bicolor **Kort trollskjegg** × 2

Tallus buskforma, opprett, opptil noen cm høyt, gråbrunt til olivenbrunt mot greinspissene, ellers svart, glinsende. Greiner kvast tilspissa med mange, små tverrstilte sidegreiner. Soral mangler. På mosekledde berg og på fattigbarkstrær. Utbredt nord til Sømna i Nordland, men sjelden nord for Dovre. Rødlisteart (NT – nær trua). **Langt trollskjegg** *B. tenuis* er svært lik, men er slankere og lengre med færre tverrstilte smågreiner. Rødlisteart (VU – sårbar).

Bryoria fremontii **Furuskjegg** × 2

Tallus buskforma, hengende, opptil flere dm langt, kastanjebrunt til brunsvart. Greiner sylindriske, ofte gropete og vridde med avflata partier, uten barkporer, men med smale sprekker i barken, ofte også med gule soral. På fattigbarkstrær, oftest furu. Utbredt i innlandet fra Telemark til Finnmark. En sjelden variant med gulbrune greiner og ellipseforma, gulhvite barkporer har tidligere vært oppfattet som en egen art **vriskjegg** *B. tortuosa*.

Bryoria capillaris **Bleikskjegg** × 1

Tallus buskforma, hengende, opptil flere dm langt, gråhvitt, av og til askegrått til brunaktig, ofte med et svakt rosa anstrøk, matt med spisse greinvinkler. Greiner sylindriske, tynne, med små uanselige barkporer, av og til med soral. Fruktlegemer sjeldne, brune, skiveforma. Oftest på fattigbarkstrær. Utbredt nord til Troms, men sjelden på Sør- og Vestlandet og nord for Saltfjellet.

Bryoria fuscescens **Mørkskjegg** × 2

Tallus buskforma, hengende, opptil et par dm langt, lysebrunt til mørkt brunsvart, ofte lysere mot basis. Greiner sylindriske, med små, utydelige barkporer som raskt sprekker opp og utvikler hvite, oftest konvekse soral. Oftest på fattigbarkstrær, mer sjelden på stein og bergvegger. Utbredt i hele landet. Vanlig. Mørkskjegg er variabel og har tidligere vært regnet som flere ulike arter. **Glattskjegg** *B. glabra* ligner, men har gjennomgående videre greinvinkler, regelmessige greiner og små flate, hvite soral.

Bryoria implexa **Flekkskjegg** × 4

Flekkskjegg har tydelige, hvite, ofte svakt konvekse barkporer som av og til utvikler seg til vorteforma soral. **Narreskjegg** *B. kuemmerleana* og **vrangskjegg** *B. vrangiana* er svært lik, men har andre lavsyrer og er generelt vanligere. Flekkskjegg kan også ligne arter i mørkskjegg-gruppen, se over. På fattigbarkstrær. Utbredt på Østlandet og i Trøndelag. **Trådskjegg** *B. americana* ligner også, men har tynne, skjøre greiner, ofte med tverrstilte smågreiner (fibriller), færre og utydelige barkporer og andre lavsyrer.

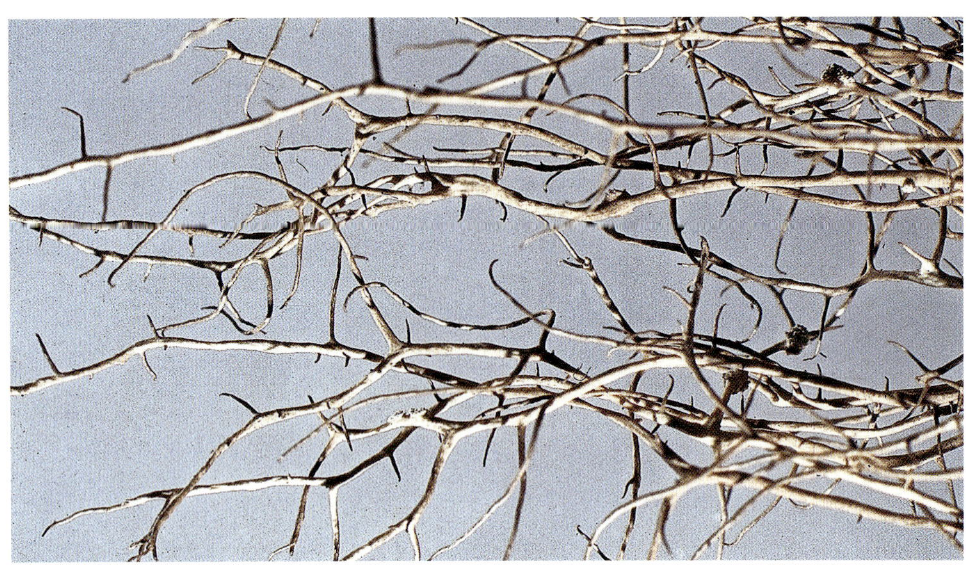

Bryoria nadvornikiana **Sprikeskjegg** × 2

Sprikeskjegg ligner bleikskjegg, men har videre greinvinkler slik at den får et mye mer utsperra preg og har typiske korte, slanke, tverrstilte smågreiner. På fattigbarkstrær, særlig gran, i eldre naturskog. Utbredt nord til Rana i Nordland, men noenlunde vanlig bare på Østlandet. Rødlisteart (NT – nær trua).

Bryoria simplicior **Buskskjegg** × 2

Tallus buskforma, utsperra, opptil noen cm langt, mørkt brunt, glinsende. Greiner sylindriske, som regel med hvite eller askegrå soral som kan danne isidielignende utvekster. Oftest på fattigbarkstrær, særlig bjørk i fjellnær skog. Utbredt i fjelltrakter fra Aust-Agder til Finnmark. **Piggskjegg** *B. furcellata* ligner, men har isidiøse soral, andre lavsyrer og vokser helst på furu.

Cetraria islandica **Islandslav** × 1

Tallus buskforma, opptil 1 dm høyt, i tuer eller nedliggende i matter, med avflata, oftest noe innrulla greiner, mørkt brunt til lysebrunt eller grågrønt, rustrød ved basis. Greiner med trådforma cilier og stilka pyknidier langs kantene og med hvite barkporer på undersida. Variabel art. Former som vokser eksponert i fjellet, er gjerne sterkt innrulla og har mørkt brun farge, mens former som vokser vått i myr, er mye lysere, gråbrune, mindre innrulla og uregelmessige i formen. Mellomformer er vanlige. Blant moser på marka. Utbredt i hele landet. **Smal islandslav** *C. ericetorum* ligner, men er mindre og har barkporer bare langs kantene.

Cetraria muricata **Busktagg** × 3

Tallus buskforma, noen cm høyt, rikt greina, i tuer, med sylindriske greiner, mørkt brunt til rødbrunt. Greiner med kompakt marg og flate, hvite barkporer, av og til med tornelignende utvekster. Blant moser på marka. Utbredt i hele landet. **Groptagg** *C. aculeata* ligner, men er grovere, har hule greiner eller løs marg og konkave barkporer.

Cetraria sepincola **Bjørkelav** × 4

Tallus bladforma, opptil et par cm i diameter, mørkt brunt, ofte noe glinsende. Lober oppstigende, med tallrike, skråstilte, skiveforma fruktlegemer. Oftest på tynne kvister av bjørk, mer sjelden på vier og andre trær og busker. Utbredt i hele landet, men sjelden på Sør- og Vestlandet.

Cetrariella delisei **Snøskjerpe** × 3

Tallus buskforma, i løse tuer eller matter, opptil noen cm høyt, med avflata greiner som er sterkt oppflika mot spissene, gulbrunt ved basis, mørkere brunt mot spissene, matt. Greiner med korte cilier og stilka pyknidier langs kantene og hvite barkporer på undersida. Blant moser på marka, ofte i snøleier og på myr. Utbredt i fjellet i hele landet.

Cetrariella fastigiata **Brunskjerpe** × 2

Brunskjerpe ligner snøskjerpe, men greinene er regelmessig innrulla (renneforma) og ikke så sterkt oppflika i spissene. Overflata er gjennomgående blankere. Blant moser i snøleiepreget mark i fjellet fra Hedmark og Sør-Trøndelag til Finnmark.

Cetrelia cetrarioides **Tussepraktlav** × 2

Tallus bladforma, opptil 1 dm i diameter, med avrunda lober, bleikgrått til grågrønt. Lober med flatestilte, hvite, punktforma barkporer og med soral langs kantene. Undersida brun nær kanten, svart mot midten, med spredte festetråder. Oftest på mosekledde bergvegger og stammer av løvtrær, sjelden på bartrær. Utbredt i dalstrøk på Østlandet, indre fjordstrøk på Vestlandet og langs kysten fra Agder til Sogn og Fjordane, Oppdal i Sør-Trøndelag. **Trollpraktlav** *C. olivetorum* og **huldrepraktlav** *C. monachorum* er svært lik, og de tre artene kan i praksis bare skilles sikkert på lavsyrene. Alle er rødlistearter (VU – sårbar).

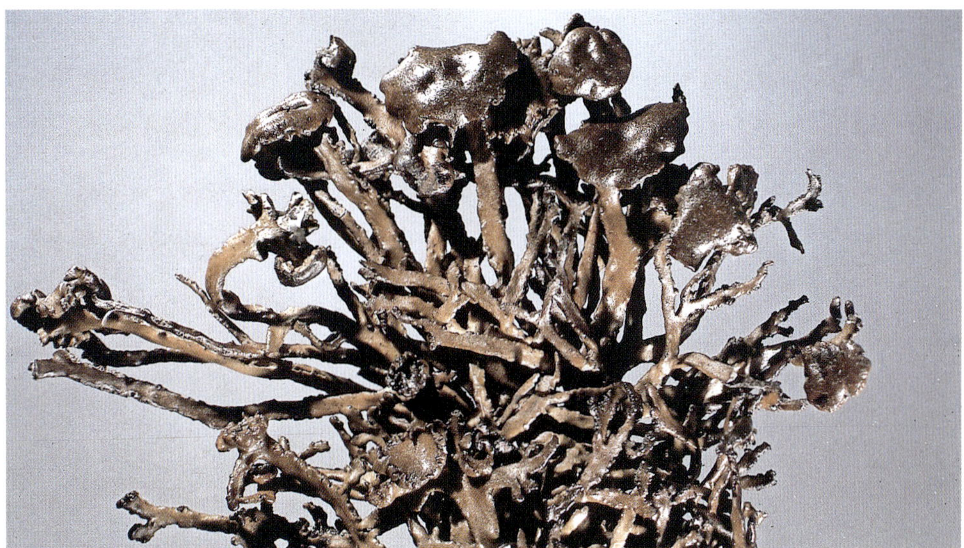

Cornicularia normoerica **Nordmørslav** × 3

Tallus buskforma, i tuer, noen cm høye, med avflata, stive greiner, brunsvart, matt eller noe glinsende. Greiner med knudrete kant og ofte med brune, skiveforma fruktlegemer i spissene. Vokser hardt festet på stein. Utbredt langs kysten og i vestlige fjellstrøk fra Agder til Troms.

Evernia prunastri **Bleiktjafs** × 1,5

Tallus buskforma, mykt, normalt noen cm langt. Ligner elghornslav i formen, men greinenes overside, som er bleikt gulhvite helt til basis og mangler isidier, har grove soredier i runde til sammenflytende soral langs kantene. Oftest på trær, både bar- og løvtrær. Utbredt i lavlandet nord til Finnmark, men spredt nord for Trondheimsfjorden. Forveksles ofte med **barkragg** *Ramalina farinacea*, se side 113.

Evernia divaricata **Mjuktjafs** × 1,5

Tallus buskforma, hengende, opptil flere dm langt, gulgrønt til gråaktig. Greiner uregelmessig radiært bygde, kantete og knudrete. Soral sjeldne. Oftest på gran, både på stammer og kvister, i eldre naturskog med høy luftfuktighet. Utbredt i dalstrøk på Østlandet, hovedsakelig i Buskerud og Oppland. Rødlisteart (VU – sårbar). **Gryntjafs** *E. mesomorpha* ligner, men har isidielignende utvekster som kan danne grove soredier. Utbredt på indre Østlandet nord til Røros, sjelden også i Troms. Rødlisteart (NT – nær trua).

Flavocetraria cucullata **Gulskjerpe** × 2

Tallus buskforma, noen cm høyt, i løse matter eller tuer. Greiner avflata, bleikgule, sylindrisk innrulla, med bølga kant med svarte, stilka pyknidier. Basis purpurfarga, med små, hvite barkporer. Blant moser på marka. Utbredt i fjellet i hele landet.

Flavocetraria nivalis **Gulskinn** × 2

Tallus buskforma, noen cm høyt, i løse matter eller tuer, bleikgult. Greiner avflata, ruglete, med svakt innbøyd kant, sterkt oppflika i spissene. Basis guloransje. På samme type voksesteder og med omtrent samme utbredelse som gulskjerpe, men gjennomgående noe vanligere.

Flavoparmelia caperata **Stor eikelav** × 2

Tallus bladforma, opptil et par dm i diameter, grågrønt til gult. Lober bredt avrunda, rynka, med små punktforma, kant- eller flatestilte soral som etter hvert flyter sammen. Soredier grove, grynaktige. Undersida brun langs kanten, ellers svart. Festetråder små, enkle. På løvtrær, ofte eik, og på stein. Utbredt hovedsakelig langs kysten fra Vest-Agder til Hyllestad i Sogn, i dalstrøk i Oppland og indre Sogn, samt ved Oslofjorden, der den er sjelden. **Liten eikelav** *F. soredians* ligner, men har finere soredier og andre lavsyrer. Sjelden art som bare er kjent fra allétrær i Stavanger.

Hypogymnia bitteri **Granseterlav** × 1,5

Tallus bladforma, rosettdannende, opptil noen cm i diameter, glinsende brunt mot kantene, ellers grått. Lober hule, med hodeforma soral på små, oppstigende sekundærlober. Undersida svart, uten festetråder. På fattigbarkstrær i eldre, fjellnær skog. Utbredt i innlandet fra Telemark til Finnmark, men svært spredt nord for Dovre. Rødlisteart (NT – nær trua).

Hypogymnia austerodes **Seterlav** × 2

Seterlav ligner granseterlav, men kan skilles på at lobene danner korte, flatestilte isidier som etter hvert oppløses i diffuse, utflytende soral. På mer eller mindre kalkrike berg og blokker, på marka i fjellet og på fattigbarkstrær i fjellnær skog. Bisentrisk utbredelse. I fjellet fra Telemark til Sør-Trøndelag og fra Saltdalen til Finnmark.

Hypogymnia farinacea **Sukkerlav** × 3

Tallus bladforma, rosettdannende, opptil noen cm i diameter, grått. Lober hule, med utflytende, flatestilte soral slik at overflata ser nærmest tverrbølga ut. Undersida svart, uten festetråder. Oftest på fattigbarkstrær, særlig furu. Utbredt i lavlandet til Vevelstad i Nordland. Finnmark (Sør-Varanger).

Hypogymnia hultenii **Groplav** × 4

Tallus bladforma, opptil noen cm i diameter, med smale lober, grått, av og til noe brunaktig i kantene. Lober hule, med soral i spissene. Undersida svart, uten festetråder, med tallrike, skarpt avsatte groper. På kvister av gran og stammer av løvtrær i fuktige skoger. Utbredt langs kysten fra Hordaland til Rana og Gildeskål i Nordland. Vanligst i boreal regnskog i Midt-Norge.

Hypogymnia physodes **Vanlig kvistlav** × 2

Tallus bladforma, rosettdannende, opptil 1 dm i diameter, grått. Lober hule, sprekker opp i spissene og danner hjelm- til leppeforma soral. Undersida svart, uten festetråder. Margen reagerer K+ rødbrunt. Fruktlegemer brune, forholdsvis sjeldne. På trær, særlig fattigbarkstrær, men også på død ved og på berg. Pionérart som raskt etablerer seg i granplantasjer. Utbredt i hele landet. Vanlig.

Hypogymnia incurvoides **Buktkvistlav** × 2

Buktkvistlav er svært lik vanlig kvistlav, men kan skilles på at unge lober danner små perforeringer i spissene og ved at margen er K–. Dessuten har tallus en litt annerledes forgreining og viser mer av den svarte undersida langs kantene. På fattigbarkstrær i fuktig skog. Utbredt i kyststrøk fra Rogaland til Narvik i Nordland. Spredt i kløftområder på Østlandet.

Hypogymnia tubulosa **Kulekvistlav** × 2

Tallus bladforma, opptil noen cm i diameter, grått. Kan ligne vanlig kvistlav, men lobene er smalere og har nesten rundt tverrsnitt og hodeforma eller noe avlange soral i endene. Lobene sprekker ikke opp. Velutvikla eksemplarer får ofte et puteaktig preg. Oftest på fattigbarkstrær. Utbredt i hele landet, særlig i lavlandet, sjelden lengst nord.

Hypogymnia vittata **Randkvistlav** × 1

Randkvistlav kan forveksles med vanlig kvistlav, men skiller seg ved at den har lange og jevnt breie hovedlober som oftest har karakteristiske, små, tverrstilte sidelober. Store eksemplarer på trær har hengende greiner. På fattigbarkstrær, ofte gran i eldre sumpskoger, og på skyggefulle bergvegger. Utbredt i hele landet, men vanligst på Østlandet og i Trøndelag.

Hypotrachyna laevigata **Grå buktkrinslav** × 3

Tallus bladforma, opptil 1 dm i diameter, gråhvitt, med regelmessige, djupe innskjæringer. Lober glatte med med hovedsakelig kantstilte hodesoral. Undersida svart, tett besatt med rikt forgreina festetråder som delvis er synlig fra oversida. Blant moser på skyggefulle bergvegger og på trestammer. Utbredt fra Vest-Agder til Os i Hordaland. Rødlisteart (VU – sårbar).

Hypotrachyna revoluta **Orelav** × 2

Tallus bladforma, opptil noen cm i diameter, grågrønt til askegrått, med uregelmessige innskjæringer. Lober ujevne og ruglete, oppstigende, med utflytende soral fra lobekanten og innover. Undersida brun mot kanten, ellers svart, med spredte, enkle til gaffelgreina festetråder. Oftest på løvtrær. Utbredt fra Vest-Agder til Kinn i Sogn og Fjordane. **Kystorelav** *H. afrorevoluta* ligner, men har mest enkle festetråder og soral bare langs kanten av tallus.

Hypotrachyna sinuosa **Gul buktkrinslav** × 3

Svært lik grå buktkrinslav i bygningstrekk, men er mindre og har lober med tydelig gul overside. På løvtrær, gjerne svartor, i fuktig skog. Utbredt fra Rogaland til Lindås i Hordaland. Rødlisteart (EN – sterkt trua).

Imshaugia aleurites **Furustokklav** × 5

Tallus danner noen cm breie, gråhvite rosetter som er tiltrykt substratet. Oversida med tallrike kule- til stiftforma isidier som ofte oppløses i grove soredier. På stammer av furu, mer sjelden på andre fattigbarkstrær og på død ved. Utbredt i hele landet. Vanlig.

Letharia vulpina **Ulvelav** × 0,2 / × 0,5

Tallus buskforma, opptil 1 dm langt, kraftig gult til gulgrønt. Greiner kantete og ujevne, med soredier og/eller isidier. På furu, oftest døde trær og gadd, mindre vanlig på levende trær. Utbredt i innlandet fra Telemark til Holtålen og Rennebu i Sør-Trøndelag vestover til Rauma i Møre og Romsdal. Rødlisteart (NT – nær trua).

Melanelia stygia **Blankkrinslav** × 2

Tallus bladforma, tiltrykt, glinsende brunsvart, opptil halvannen dm i diameter. Lober opptil 2 mm breie, svakt konvekse med flatestilte pyknidier og små, uanselige barkporer. Fruktlegemer brunsvarte, med tagga kant. Undersida svart, med få, spredte festetråder. På silikatberg, ofte solrikt. Utbredt i hele landet. **Svartberglav** *M. hepatizon* har stilka pyknidier langs kanten av tallus, og **brunberglav** *Cetrariella commixta* har brun underside.

Melanelixia glabratula **Glattbrunlav** × 1

Tallus bladforma, opptil 1 dm i diameter, grønnlig til mørkt brunt, med tallrike tynne, sylindriske, ofte noe greina isidier. Margen har flekkvis et guloransje pigment som reagerer K+ purpur. Oftest på stammer av løvtrær eller på stein. Utbredt i hele landet. **Stiftbrunlav** *M. fuliginosa* ligner, men har mørkebrunt skinnende tallus og vokser på berg. **Brun barklav** *M. subaurifera* har små soral og korte, enkle isidier og et bleikgult pigment i margen som reagerer K–. Begge er vanlige.

Melanohalea exasperata **Vortebrunlav** × 2

Tallus bladforma, opptil noen cm i diameter, grønnlig til mørkt brunt. Oversida har tallrike vorter med små, lyse barkporer i spissene. Fruktlegemer brune, skiveforma, med vortete kant. Oftest på løvtrær med glatt bark. Utbredt i hele landet.

Melanohalea exasperatula **Klubbebrunlav** × 5

Klubbebrunlav ligner vortebrunlav, men har klubbe- eller kuleforma, til dels avflata, hule isidier i stedet for vorter. Oftest på løvtrær, men også på gran. Utbredt nord til Finnmark, men spredt nord for Trøndelag.

Melanohalea olivacea **Snømållav** × 0,5

Tallus bladforma, opptil 1 dm i diameter, brunt. Oversida rynkete, med tallrike skiveforma fruktlegemer med vortete kant. Undersida brun til svart med spredte, korte festetråder. Oftest på løvtrær, særlig bjørk. Snøskyende art som angir normal snødybde på voksestedet. Utbredt i hele landet, men sjelden på Sør- og Vestlandet. Vanlig og svært karakteristisk innslag på bjørk i fjellnær skog. **Falsk snømållav** *M. septentrionalis* ligner, men er gjennomgående mindre samt at fruktlegemene har glatt kant og utvikles helt ut mot kanten av tallus.

Menegazzia terebrata **Skoddelav** × 3

Tallus bladforma, rosettdannende, opptil 1 dm i diameter, gråhvitt. Lobene har karakteristiske runde hull inn til det sentrale hulrommet og spredte, flatestilte, hodeforma soral. På fattigbarkstrær i fuktig skog og på skyggefulle bergvegger. Utbredt i dalstrøk på Østlandet, indre fjordstrøk på Vestlandet og langs kysten til Møre og Romsdal. En forekomst i Bindal i Nordland er trolig utgått. Rødlisteart (NT - nær trua). **Kystskoddelav** *M. subsimilis* ligner, men har traktforma soral med tydelig krage og åpning inn til margen i ungt stadium. Rødlisteart (VU - sårbar).

Parmelia omphalodes **Brun fargelav** × 2

Tallus bladforma, opptil 1 dm i diameter, mørkt grått til brunt, ofte glinsende. Skyggeformer kan være gråhvite. Lober varierende i form, oftest smale og taklagte, alltid med fint nettverk av lyse barkporer. Fruktlegemer ikke vanlige. Soredier og isidier mangler. Oftest på stein, mer sjelden på fattigbarkstrær. Utbredt i hele landet. Vanlig, særlig langs kysten.

Parmelia saxatilis **Grå fargelav** × 2

Tallus bladforma, opptil et par dm i diameter, lyst grått til askegrått, brunaktig i kanten, med kule-, eller stiftforma til greina isidier. Lober smale til ganske breie, med tvert avskårne til bredt avrunda ender, alltid med fint nettverk av lyse, linjeforma barkporer. Undersida svart med tallrike, enkle til greina festetråder. Fruktlegemer brune, skiveforma, relativt vanlige. Oftest på stein, men også på trær, særlig i kystområdene. Utbredt i hele landet. Vanlig.

Parmelia ernstiae **Rimfargelav** × 2

Rimfargelav ligner grå fargelav, men har mer regelmessig avrunda lober med rimaktig belegg, isidiene utvikler ofte avflata fliker og tallus har andre lavsyrer (fettsyrer). På trær, både bartrær og løvtrær. Utbredt langs kysten fra Østfold til Nordland. **Lys fargelav** *P. serrana* er svært lik rimfargelav, med samme kjemi og økologi, men har normalt ikke rimaktig belegg på lobene. De to artene er neppe mulig å skille sikkert uten DNA-sekvensering.

Parmelia sulcata **Bristlav** × 3

Bristlav kan ligne grå fargelav, men skiller seg fra denne ved at nettverket av barkporer på oversida av lobene sprekker opp og danner linjeforma soral. Isidier mangler. Tilsvarende krav til voksested som grå fargelav, men mer vanlig på trær enn denne. Utbredt i hele landet. Vanlig. **Knauslav** *P. fraudans* kan ligne, men lobene har sorediøse isidier langs kanten og er brunlige eller svakt gulaktige, ofte med rimaktig belegg. På soleksponert stein i innlandet.

Parmelina tiliacea **Stor lindelav** × 5

Tallus bladforma, opptil 1 dm i diameter, gråhvitt. Lober uregelmessig innskårete med tallrike mørke, kuleforma til sylindriske, flatestilte isidier, av og til korte cilier langs kanten. Undersida svart med korte, enkle festetråder. På stammer av løvtrær og på stein. Utbredt på Østlandet og langs kysten til Sogn og Fjordane og i Nordland fra Vega til Lofoten. **Liten lindelav** *P. pastillifera* ligner, men er mindre, og isidiene er begerforma innsunket i spissene.

Parmeliopsis ambigua **Gul stokklav** × 2

Tallus danner opptil noen cm breie, bleikgule rosetter som er tett tiltrykt substratet. Lober smale, med flatestilte soral, av og til med brune, skiveforma fruktlegemer. Undersida brun mot kanten, ellers svart, med brune festetråder. Oftest på fattigbarkstrær og på død ved. Utbredt i hele landet. **Grå stokklav** *P. hyperopta* ligner, men er gråfarga (mangler usninsyre), til venstre i bildet.

Parmeliopsis esorediata **Fjellbjørklav** × 3

Fjellbjørklav er svært lik grå stokklav, men mangler soral og er alltid rikt fertil. Fruktlegemer mot midten av tallus, tettsittende. På stammer av bjørk i fjellnær skog. Utbredt fra Agder til Oppland og Hedmark.

Parmotrema perlatum **Liten praktkrinslav** × 2

Tallus bladforma, opptil 1 dm i diameter, grått. Lober avrunda, med cilier i kanten. Soral hodeforma i spissene av smale lober, og/eller som linjesoral langs lobekanten. Undersida brun langs kanten, ellers svart, med spredte, enkle festetråder mot midten. På løvtrær og mosekledde bergvegger. Utbredt fra Vest-Agder til Vågsøy i Sogn og Fjordane. Sjelden. **Stor praktkrinslav** *P. arnoldii* er gjennomgående større og har andre lavsyrer. Sokndal i Rogaland. Svært sjelden. Rødlisteart (CR – kritisk trua).

Parmotrema crinitum **Hårkrinslav** × 2

Hårkrinslav ligner på liten praktkrinslav, men skiller seg ved at soral mangler, og ved at lobekantene som regel er noe oppflika og danner isidier og smålober. På løvtrær og på mosekledde bergvegger. Spredt fra Vest-Agder til Selje i Sogn og Fjordane. Rødlisteart (VU – sårbar).

Platismatia glauca **Papirlav** × 1

Tallus bladforma, opptil flere dm i diameter, papirtynt og glatt. Oversida grå eller gråbrun til mørkt brun. Undersida brun mot kantene, ofte med lyse flekker, svart mot midten, med noen få festetråder. Lobekanter som regel krusa og med soredier eller koralloide isidier. Svært variabel, ofte med breiere lober enn på bildet. Oftest på fattigbarkstrær, mer sjelden på død ved og mosekledde berg. Utbredt i hele landet. Vanlig.

Platismatia norvegica **Skrukkelav** × 2

Tallus bladforma, opptil et par dm i diameter, med sterkt rynka overside, grått til noe brunlig mot kantene. Lober regelmessig avrunda og uten det krusa preget hos papirlav. Langs rynkene dannes kule- til stiftforma isidier, som hos papirlav. På fattigbarkstrær og skyggefulle bergvegger i områder med høy luftfuktighet. Spredt på Østlandet, ellers utbredt langs kysten fra Agder til Troms. Noenlunde vanlig bare i boreal regnskog i Trøndelag.

Pleurosticta acetabulum **Herregårdslav** × 3

Tallus bladforma, opptil et par dm i diameter, grågrønt til olivengrønt. Lober som regel rynkete på oversida, av og til med rimaktig belegg og med brune, skiveforma fruktlegemer mot midten. Isidier og soredier mangler. På stammer av edelløvtrær. Sørøstlig og varmekjær, utbredt langs kysten fra Østfold til Rogaland og med isolerte forekomster i Førde i Sogn og Fjordane og i Trondheim i Sør-Trøndelag.

Pseudephebe pubescens **Steinskjegg** × 2

Tallus trådforma, tett greina, mattedannende, med mørkt brun til brunsvart, ofte glinsende overside. Undersida som regel lysere, med spredte, korte festetråder. Greiner sylindriske, mer eller mindre knudrete, delvis på grunn av pyknidier. Fruktlegemer brunsvarte, opptil 5 mm breie, ofte med fibriller langs kanten. På silikatberg og blokker. Utbredt i hele landet. **Småskjegg** *P. minuscula* er mindre, har delvis avflata greiner og vokser mer tiltrykt.

Pseudevernia furfuracea **Elghornslav** × 1

Tallus buskforma, opptil 1 dm langt, med avflata, svakt renneforma greiner. Greinenes overside grå, med kule- til stiftforma isidier. Undersida svart mot basis, ellers forholdsvis lys. Oftest på fattigbarkstrær, særlig furu og gran, men også på løvtrær og berg. Utbredt i lavlandet nord til Meløy og Narvik i Nordland.

Punctelia stictica **Brun punktlav** × 3

Tallus bladforma, opptil noen cm i diameter, brunt langs kantene, grått mot midten. Undersida svart. Lober regelmessig avrunda med markerte, punktforma, hvite barkporer. Soral med grove soredier som utvikles fra barkporene. På stein. Utbredt i indre deler av Oppland og indre Sogn. Sjelden. Rødlisteart (VU – sårbar). **Grå punktlav** *P. subrudecta* har overveiende grå overside og brun underside, mens **randpunktlav** *P. jeckeri* har linjeforma kantsoral. Begge er rødlistearter (NT – nær trua og VU – sårbar).

Tuckermanopsis chlorophylla **Kruslav** × 4

Tallus bladforma, opptil noen cm i diameter, brunt til grønnaktig, med sterkt krusa, eller flika og uregelmessig kant, som regel matt. Undersida lyst brun med spredte, lyse festetråder. Lobekanter med gråhvite soredier. Fruktlegemer sjeldne, skråttstilte i lobespisser. Oftest på kvister og stammer av bar- og løvtrær, mer sjelden på berg. Utbredt i hele landet. Vanlig.

Usnea dasopoga **Hengestry** × 1

Tallus buskforma, hengende, opptil flere dm langt, som regel rikt greina med tydelige hovedgreiner, grågrønt til bleikgult. Greiner sylindriske, som regel med tallrike, korte papiller og vorteaktige utvekster og barkporer som kan danne isidier. På fattigbarkstrær, oftest gran. Utbredt fra Østfold til Nordland, men sjelden nord for Saltfjellet. Både **grovstry** *U. barbata* og **fiskebeinstry** *U. cylindrica* ligner, men har oftest annen forgreiningstype. Svært variabel og dårlig forstått gruppe.

Usnea cornuta **Hornstry** × 5

Tallus buskforma, utsperra, opptil noen cm langt, grågrønt til gulgrønt, ofte brunaktig mot basis. Greiner oftest med løs marg, flate papiller, oppsvulma segmenter, små punktforma soral i grupper, ofte også med isidier. På fattigbarkstrær, ofte furu og eik, og på bergvegger. Utbredt langs kysten fra Vest-Agder til Hordaland. Forholdsvis sjelden. Rødlisteart (VU – sårbar). **Ringstry** *U. flammea* og **kyststry** *U. fragilescens* ligner og har tilsvarende økologi og utbredelse. Komplisert artsgruppe.

Usnea florida **Blomsterstry** × 2

Tallus buskforma, utsperra, opptil noen cm langt, grågrønt til bleikgult, svart ved basis. Fruktlegemer vanlige, store, grågrønne, skiveforma, med trådaktige utvekster langs kanten. Soral og isidier mangler. Oftest på løvtrær. Utbredt i Oslofjord-området fra Akershus til Vest-Agder. Sjelden. Rødlisteart (VU – sårbar).

Usnea glabrescens **Hårstry** × 5

Hårstry kjennetegnes ved at den i utvokst form er rikt greina, opptil et par dm lang, med grove hovedgreiner og lange, slanke sidegreiner som bærer rikelig med punktforma, flate soral som aldri utvikler isidier. På løvtrær og på gran. Utbredt fra Østfold til Sømna i Nordland.

Usnea hirta **Glattstry** × 2

Tallus buskforma, utsperra, opptil noen cm langt, grågrønt til bleikgult, bleik ved basis. Greiner ofte ujevne og kantete, tett besatt med isidier og korte, tverrstilte smågreiner. På fattigbarkstrær, oftest furu. Utbredt fra Østfold til Finnmark, men sjelden nord for Trøndelag.

Usnea longissima **Huldrestry** × 0,5

Karakteristisk art med sine hengende, opptil flere meter lange greiner. Hovedgreiner ofte noe flattrykte og kantete, med forsvinnende bark og tallrike, tverrstilte smågreiner som av og til har små punktforma soral. På fattigbarkstrær, oftest gran, i eldre naturskog. Utbredt i innlandet fra Telemark til Hemnes i Nordland, med en isolert forekomst i Flora i Sogn og Fjordane. Sjelden nord for Dovre. Rødlisteart (EN – sterkt trua).

Usnea subfloridana **Piggstry** × 5

Tallus buskforma, utsperra eller hengende, opptil 1 dm langt, grågrønt til bleikgult. Greiner med tallrike papiller mot basis, mot spissene med lyse barkporer som utvikler isidier og/eller isidiøse soral. Fruktlegemer kan forekomme. På både løvtrær og bartrær. Utbredt nord til Finnmark. Vanlig. Flere nærstående arter.

Usnea lapponica **Pulverstry** × 7

Pulverstry kan ligne piggstry, men skilles ved at den danner soral som ofte går helt rundt greina. Isidier mangler. Forgreininga er også gjennomgående annerledes med markerte hovedgreiner og mange små tverrstilte sidegreiner helt ut i greinspissene. Oftest på løvtrær, men også på bartrær. Utbredt nord til Finnmark, men sjelden på Sør- og Vestlandet. **Grynstry** *U. substerilis* ligner, men har vorteaktige soral som i tidlig fase også har isidier.

Usnea rubicunda **Rødstry** × 1

Rødstry kjennes lett på at særlig hovedgreinene er helt eller flekkvis rødbrune. Ingen andre norske strylaver har slik farge i frisk tilstand. På trær i fuktig skog. Sjelden art som bare er kjent fra Farsund i Agder. Rødlisteart (CR – kritisk trua). Døende eksemplarer i kyststry-gruppen kan også av og til få rødbrune flekker på greinene.

Usnocetraria oakesiana **Båndlav** × 2

Tallus bladforma, mer eller mindre konkavt, opptil noen cm i diameter, med dype innskjæringer, bleikgult. Langs kantene dannes linjeforma soral, ofte også små, svarte pyknidier. Undersida hvit til lysebrun, med spredte festetråder. På stammer og kvister av gran og bjørk i fuktig skog. Sjelden art som kun er kjent fra Buskerud (Krødsherad) og Oppland (Vang). Rødlisteart (EN – sterkt trua).

Vulpicida juniperinus **Einerlav** × 2

Tallus bladforma, opptil noen cm i diameter, med oppstigende lober, intenst gult. Lober flate til svakt rynkete, med svarte, stilka pyknidier og brune, skiveforma fruktlegemer langs kantene. Marg gul. Oftest på kvister av einer, men også på kalkrik mark i fjellet. Bakkeboende eksemplarer som regel uten fruktlegemer. Utbredt fra Agder til Finnmark, men mangler i ytre kyststrøk.

Vulpicida pinastri **Gullroselav** × 3

Tallus bladforma, opptil noen cm i diameter, tiltrykt med oppstigende lobekanter, intenst gult til gulgrønt. Lober avrunda, med gule soredier langs kantene. Marg gul. Fruktlegemer sjeldne. På kvister og stammer av fattigbarkstrær, særlig gran og bjørk, mer sjelden på død ved. Utbredt i hele landet. Vanlig.

Xanthoparmelia conspersa **Stiftsteinlav** × 2

Tallus bladforma, rosettdannende, opptil 1 dm i diameter, grågrønt til gult. Lober flate, med mange innskjæringer, ofte taklagte, som regel med tynne, stiftforma, greina isidier. Fruktlegemer brune, skiveforma. Undersida svart. På stein, ofte strandberg. Utbredt på Østlandet og langs kysten til Finnmark, sjelden i innlandet. Kan forveksles med **lys steinlav** *X. plittii*, som har brun underside, og **kyststeinlav** *X. tinctina*, som har kuleforma isidier og andre lavsyrer. Sørlige arter.

Xanthoparmelia stenophylla **Gul steinlav** × 2

Gul steinlav ligner stiftsteinlav, men mangler isidier. Lobene er ofte konvekse, med svarte prikker (pyknidiemunninger) og brune, skiveforma fruktlegemer. På soleksponerte berg. Utbredt hovedsakelig på Østlandet, med spredte forekomster i indre fjordstrøk på Vestlandet.

Xanthoparmelia pulla **Skålskjærgårdslav** × 2

Tallus bladforma, opptil 1 dm i diameter, gråbrunt til mørkebrunt. Lober ujevne og ruglete med svarte pyknidiemunninger og som regel tallrike, brune, skiveforma fruktlegemer. På stein, ofte strandberg. Utbredt langs kysten til Finnmark. Sjelden i innlandet.

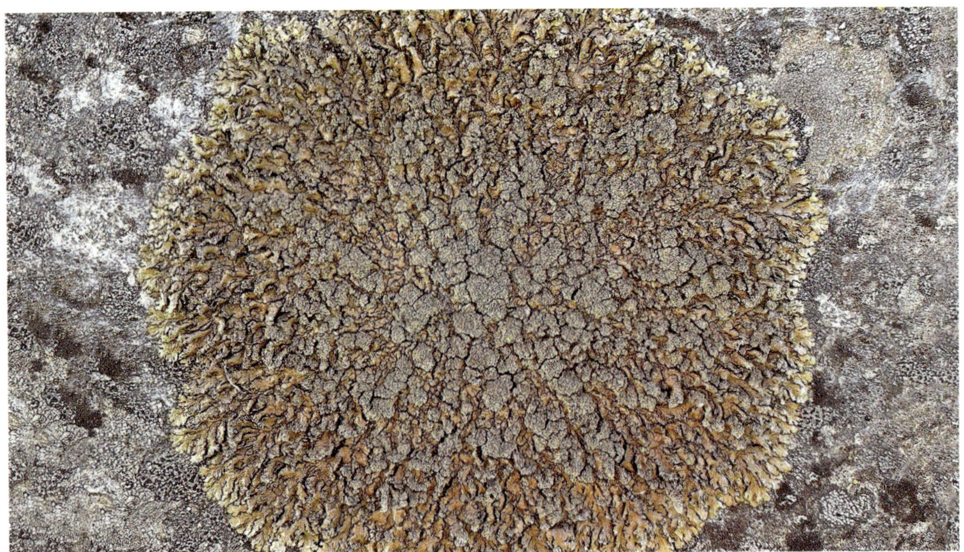

Xanthoparmelia loxodes **Klubbeskjærgårdslav** × 1

Ligner skålskjærgårdslav, men tallus utvikler grove, vorte- eller klubbeforma isidier som av og til sprekker opp slik at margen blottstilles. Fruktlegemer ikke sjeldne, med isidier langs kanten. På åpne berg i lavlandet, gjerne i kulturlandskapet. Utbredt i kyststrøk fra Østfold til Trøndelag. **Stiftskjærgårdslav** *X. verruculifera* er svært lik. De to artene skilles best på lavsyrene.

Ramalina dilacerata **Småragg** × 3

Denne arten, som sjelden blir mer enn et par cm høy, kjennetegnes ved at den har hule, bleikgule til grågrønne greiner som ofte er gjennombrutt av små hull. Fruktlegemer tallrike, nær greinspissene, bleikbrune, skålforma. Soral mangler. Oftest på løvtrær, men også på gran i fuktig skog, gjerne i bekkekløfter. Sjelden art som er utbredt i små, avgrensa områder i Oppland, Storfjord i Troms og Sør-Varanger i Finnmark. Rødlisteart (EN – sterkt trua).

Ramalina farinacea **Barkragg** × 1

Tallus buskforma, utstående eller hengende, opptil 1 dm langt, grågrønt til bleikt gulaktig. Greiner avflata, uten forskjell på over- og underside, glinsende, med flate eller svakt konvekse soral langs kantene. Oftest på løvtrær, men også på bartrær og stein. Utbredt i kyst- og fjordstrøk fra Østfold til Balsfjord i Troms. Kan forveksles med **bleiktjafs** *Evernia prunastri*, som har mykere, matte greiner med tydelig forskjell på over- og undersida.

Ramalina fraxinea **Askeragg** × 1,5

Askeragg er karakteristisk med sine grågrønne, avflata, ofte båndforma, uregelmessige, opptil et par dm lange greiner med langsgående åser og/eller nettforma rynker. Fruktlegemer vanlige, skiveforma, gulgrønne. På stammer av edelløvtrær, ofte ask. Sørøstlig art som er forholdsvis vanlig omkring Oslofjorden, mer sjelden videre langs kysten til Levanger i Nord-Trøndelag.

Ramalina obtusata **Hjelmragg** × 3

Hjelmragg er på størrelse med småragg, men skilles fra denne ved at greinene sprekker opp i spissene og danner hjelm- eller leppeforma soral. Fruktlegemer mangler. På tilsvarende steder som småragg, men oftest på tynne grankvister. Sjelden, kjent fra Ringebu i Oppland til Lierne i Nord-Trøndelag. Rødlisteart (EN – sterkt trua).

Ramalina pollinaria **Pulverragg** × 3

Pulverragg kan ligne på barkragg, men er gjennomgående mindre, har mer uregelmessige greiner, som regel også flatestilte soral som flyter sammen, og andre lavsyrer. Oftest på overhengende, helst noe kalkrike bergvegger, men også på løvtrær. Utbredt i hele landet.

Ramalina siliquosa **Klipperagg** × 1

Tallus buskforma, utstående til hengende, grågrønt til bleikgult, opptil 2 dm langt. Greiner båndforma, opptil 5 mm breie, stive, med groper og løs marg. Fruktlegemer tallrike, sidestilte, med grågul skive. Pyknidier av samme farge som tallus. Vokser godt festet til berg og blokker. Utbredt langs kysten fra Østfold til Finnmark, men sparsom lengst nord. **Havklipperagg** *R. cuspidata* er svært lik, men har svarte pyknidier, fast marg og greiner som er sylindriske nær basis.

Ramalina sinensis **Flatragg** × 2

Flatragg kjennes på at greinene er flate, ofte med lengdefurer, og mer eller mindre flika. Fruktlegemer vanlige, i kanten nær lobeendene. Tallus sjelden mer enn noen cm langt. På løvtrær, oftest osp og selje. Utbredt i innlandet fra Telemark til Finnmark, men svært sjelden nord for Dovre. Rødlisteart (NT – nær trua).

Ramalina thrausta **Trådragg** × 5

Tallus buskforma, hengende, opptil et par dm langt, gråhvitt, ofte med sverta partier. Greiner tynne, trådforma, som regel med karakteristiske krokforma spisser på sidegreinene, av og til også med små soral. På fattigbarkstrær, oftest gran i eldre sumpskoger og på bergvegger i trange bekkekløfter, sjelden også nedliggende på berg i fjellet. Utbredt fra Telemark til Finnmark, men noenlunde hyppig bare i dalstrøk på Østlandet og i Midt-Norge. Rødlisteart (VU – sårbar).

Sphaerophorus globosus **Brun korallav** × 0,5

Tallus buskforma, opptil flere cm høgt, brunt (men nesten gråhvitt hos skyggeformer), tuedannende, koralloid greina, med tydelige hovedgreiner. Fruktlegemer kuleforma, innsenka i oppsvulma greinspisser. Sporemasse svart. Oftest blant moser på berg, men i fuktige skoger, særlig i Trøndelag, også på gamle trær. Utbredt i hele landet. **Grå korallav** *S. fragilis* ligner, men mangler tydelige hovedgreiner.

Bunodophoron melanocarpum **Kystkorallav** × 2

Tallus buskforma, opptil noen cm høgt, med avflata greiner, særlig mot basis, grått til grågrønt, av og til rødbrunt ved basis. Fruktlegemer på undersida av flate greinspisser. Sporemasse svart. Blant moser på skyggefulle bergvegger. Sørvestlig, sjelden art som er utbredt fra Vest-Agder til Sogn og Fjordane. Rødlisteart (NT – nær trua).

Stereocaulon alpinum **Fjellsaltlav** × 2

Tallus buskforma, halvveis nedliggende med tydelig forskjell på over- og underside. Fyllokladier avflata. Cefalodier dekket av filt. Fruktlegemer store, endestilte, mangler ofte. Vokser løst festet på marka. Utbredt i fjellstrøk fra Agder til Finnmark, nordpå også i lavlandet. **Stor saltlav** *S. grande* ligner, men fyllokladiene kan også være vorteforma, cefalodiene er delvis uten filt, og tallus inneholder ofte andre lavsyrer.

Stereocaulon coniophyllum **Flatsaltlav** × 2

Tallus buskforma, opprett, opptil 4 cm høyt. Hovedgreiner grove, med avflata, fyllokladielignende sidegreiner som er sorediøse på den ene sida og barkkledd på den andre. Fruktlegemer endestilte. På berg og blokker langs elver, særlig i fossesprut-soner og i bekkekløfter. Spredt fra Agder til Finnmark, mest i fjellstrøk. Rødlisteart (VU – sårbar).

Stereocaulon glareosum **Grussaltlav** × 2

Tallus buskforma, sparsomt greina, opptil noen cm høyt. Hovedgreiner med tydelig, grårosa filt og korte sidegreiner med papilleforma fyllokladier som er brune i spissene. Fruktlegemer forholdsvis store, endestilte. På grus og sand, ofte i vegskjæringer. Spredt i innlandet, særlig i fjellet, fra Valle i Setesdalen til Finnmark.

Stereocaulon condensatum **Sandsaltlav** × 5

Sandsaltlav ligner grussaltlav, men er gjennomgående mindre og nærmest putedannende. Fyllokladier vorteforma, ensfarga. På grus og sand. Spredt i fjellet. Bisentrisk.

Stereocaulon dactylophyllum **Fingersaltlav** × 2

Tallus buskforma, oftest opprett, opptil 1 dm høyt, rikt greina, gråhvitt til grårosa. Greiner som regel uten filt og med karakteristiske fingeraktige eller koralloide fyllokladier. Fruktlegemer tallrike, skiveforma, brune, på korte sidegreiner. Vokser som regel hardt festet på berg. Utbredt i hele landet.

Stereocaulon paschale **Påskesaltlav** × 3

Tallus buskforma, opprett, opptil noen cm høyt eller nedliggende, med tydelige hovedgreiner, grått til grågrønt. Greiner med grupper av vorteforma fyllokladier, med grårosa filt og karakteristiske brunsvarte cefalodier med trådforma utvekster. Fruktlegemer små og fåtallige, på korte sidegreiner. Vokser løst festet på marka, ofte i store matter. Utbredt i innlandet fra Østfold til Finnmark, særlig i fjellnære områder. Mangler på Sør- og Vestlandet.

Stereocaulon tomentosum **Lodnesaltlav** × 4

Lodnesaltlav har oftest nedliggende, opptil noen cm lange greiner med tydelig forskjell på over- og underside. Greinene er dekket av gråaktig filt. Fyllokladiene varierer fra vorteforma til avflata med bølgete kant. Fruktlegemene endestilte på korte sidegreiner, som regel tallrike. På stein og grus. Utbredt i hele landet, men sjelden på Sør- og Vestlandet.

Stereocaulon vesuvianum **Skjoldsaltlav** × 2

Skjoldsaltlav kjennes lettest på de skjoldforma fyllokladiene som har bølget, lys kant og grønnaktig sentrum. Hovedgreiner opptil noen cm høye, som regel sparsomt greina, uten filt. Vokser godt festet i tuer, på sure bergarter. Utbredt i hele landet, men forholdsvis sjelden i indre deler av Sør-Norge.

Gabura fasciculare **Puteglye** × 2

Tallus puteforma som fuktig, skorpeaktig i tørr tilstand, mørkt olivengrønt, opptil noen cm i diameter. Fruktlegemer tallrike, flate, mørkebrune. Sporer nålforma, mangesepterte. På stammer av løvtrær med rik bark, sjelden på mosekledde bergvegger. Utbredt i kyst- og fjordstrøk fra Telemark til Troms. Kan forveksles med **narreglye** *Staurolemma omphalarioides*, se side 150.

Collema flaccidum **Skjellglye** × 5

Tallus bladforma, mørkt olivengrønt til svart, opptil noen cm i diameter, ofte uregelmessig, med oppstigende lober og mer eller mindre skjellforma isidier. På mosekledde berg og blokker og på stammer av løvtrær med rik bark. Utbredt i hele landet, men spredt i innlandet. **Stiftglye** *C. subflaccidum* ligner, men isidiene er overveiende kule- til stiftforma.

Collema furfuraceum **Fløyelsglye** × 1

Tallus bladforma, rosettdannende, brunsvart, opptil 1 dm i diameter, med blærer og radiære folder med tallrike, grynaktige eller stiftforma til greina isidier. Fruktlegemer sjeldne. På stammer av løvtrær med rik bark og på mosekledde berg. Utbredt i kyst- og fjordstrøk fra Østfold til Finnmark. Sjelden i innlandet.

Collema nigrescens **Brun blæreglye** × 2

Tallus bladforma, rosettdannende, med blærer og radiære folder, mørkt olivengrønt til brunsvart, lyst gulgrønt mellom foldene, opptil 1 dm i diameter. Fruktlegemer tallrike, mørkebrune. Sporer nålforma, mangesepterte. På stammer av løvtrær med rik bark og på mosekledde berg. Utbredt i fuktige dalstrøk på Østlandet og i kyst- og fjordstrøk fra Østfold til Finnmark. Sjelden i innlandet. **Ospeblæreglye** *C. subnigrescens* er ofte større og mørkere, mangler gulgrønne partier og har annerledes sporer. **Småblæreglye** *C. curtisporum* er mindre og har kortere sporer. Sjelden. Rødlisteart (EN – sterkt trua).

Enchylium bachmanianum **Tannjordglye** × 3

Tallus bladforma, opptil noen cm i diameter, ujevnt og rynkete i tørr tilstand, mørkt olivengrønt, sveller betydelig når den fuktes. Fruktlegemer skålforma, brune, ofte med bølgete eller vortete kant. Sporer murforma. En variant mangler fruktlegemer, men har tallrike kuleforma isidier. På kalkrik jord og sand på litt forstyrra mark i lavlandet. Spredt fra Østfold til Finnmark.

Lathagrium cristatum **Fingerglye** × 3

Tallus danner opptil 1 dm breie rosetter som er tett tiltrykt substratet. Lober smale, renneforma, fingeraktig flika og delvis oppstigende. Kuleforma isidier kan forekomme på flatene og langs kanten av lobene. Fruktlegemer forholdsvis sjeldne, med murforma sporer. På kalkrike berg. Utbredt i det meste av landet, mangler på Sørlandet.

Leptogium burgessii **Kranshinnelav** × 2

Tallus bladforma, gråbrunt til mørkebrunt, opptil 1 dm i diameter, med uregelmessige innskjæringer, smålober og krusa lobekant. Fruktlegemer skålforma, mørkebrune, opptil 3 mm breie med en krans av smålober langs kanten. Undersida bleikgrå, tetthåra. På stammer av løvtrær med rik bark og på mosekledde bergvegger. Utbredt langs kysten fra Rogaland til Skodje i Møre og Romsdal. Sjelden. Rødlisteart (VU – sårbar).

Leptogium cochleatum **Prakthinnelav** × 2

Tallus bladforma, blygrått, opptil 6 cm i diameter. Lober opptil 1 cm breie, med oppstigende kanter, glatte eller svakt stripete og ofte med overlappende smålober, særlig langs kantene. Isidier mangler. Fruktlegemer brune til rødbrune, med lys kant. På mosekledde trestammer med rik bark, særlig styva ask, og på mosekledd berg, i boreonemoral regnskog. Kjent fra Rogaland og Hordaland. Rødlisteart (VU – sårbar).

Leptogium cyanescens **Blyhinnelav** × 2

Tallus bladforma, blygrått, opptil 1 dm i diameter, med avrunda lober og tallrike stiftforma, greina til skjellforma isidier. Fruktlegemer sjeldne, rødbrune, med lys kant. På stammer av løvtrær med rik bark og på mosekledde berg og blokker. Utbredt i kyst- og fjordstrøk fra Østfold til Meløy i Nordland. Sjelden i innlandet.

Leptogium hibernicum **Irsk hinnelav** × 2

Tallus bladforma, opptil 5 cm i diameter, brunt, av og til noe blåaktig. Lober opptil 1 cm breie, sterkt rynkete, med grove, uregelmessige isidier. Undersida lys, stripete og korthåra. Tallus sveller betydelig i fuktig vær. På mosekledde trestammer med rik bark, særlig styva ask i boreonemoral regnskog. Kjent fra Rogaland og Hordaland. Rødlisteart (CR – kritisk trua).

Leptogium saturninum **Filthinnelav** × 3

Tallus bladforma, gråsvart, opptil 1 dm i diameter, med regelmessig avrunda lober som er mer eller mindre dekket av grynaktige, stiftforma eller greina isidier. Undersida lyst blågrå, med hvit filt. Fruktlegemer sjeldne, rødbrune. På stammer av løvtrær med rik bark, særlig ask og osp, mer sjelden på mosekledde berg. Utbredt i hele landet.

Rostania ceranisca **Fjellglye** × 3

Tallus putedannende, opptil 3 cm i diameter, brunsvart, som regel med tallrike, mer eller mindre oppstigende smålober. Fruktlegemer, små, skålforma, med nesten rektangulære, murforma sporer. På kalkrike rabber i fjellet, særlig i reinrose-heier. Spredt fra Jotunheimen til Finnmark.

Scytinium gelatinosum **Tuehinnelav** × 5

Tallus tuedannende, opptil flere cm i diameter, blågrått til brunt, ofte noe glinsende. Lober med markert rynka overflate, avrunda i kanten eller uregelmessig innskåret. Fruktlegemer tallrike, skålforma, med kraftig kant. Blant moser på marka, fortrinnsvis på kalkrik grunn. Utbredt i hele landet.

Scytinium lichenoides **Flishinnelav** × 5

Tallus rynka, blågrått til brunaktig, opptil noen cm i diameter, med oppstigende lober som er fint oppflisa i endene. Fruktlegemer sjeldne, med oppflisa lober langs kanten. Blant moser på berg og blokker, mer sjelden på basis av løvtrestammer. Utbredt i hele landet, men sjelden lengst øst i Sør-Norge.

Lobaria amplissima **Sølvnever** × 0,25

Tallus rosettaktig, sølvgrått, matt grønt (grønnalger) i fuktig tilstand, opptil flere dm i diameter. Oversida ofte med karakteristiske, buskforma, brunsvarte cefalodier som inneholder blågrønnbakterier. Cefalodiene, som også kan være frittlevende, danner av og til små, grønne lober. Fruktlegemer ikke uvanlige, brune, skiveforma. Undersida brunaktig med sammenhengende hårdekke. På stammer av løvtrær med rik bark og på mosekledde bergvegger. Utbredt i kyst- og fjordstrøk til Finnmark. Sjelden i innlandet.

Lobaria scrobiculata **Skrubbenever** × 0,75

Tallus bladforma, opptil et par dm i diameter, med avrunda lober, gulgrå til blåaktig, mørk gråblå som fuktig. Oversida matt og fint ru, som regel noe ujevn og buklete, med punktforma soral og gråbrune soredier. Fruktlegemer sjeldne. Undersida brun, korthåra, med spredte, nakne flekker. På løvtrær med rik bark og på mosekledde bergvegger, lokalt også på grankvister. Utbredt i hele landet.

Lobaria hallii **Fossenever** × 1,5

Fossenever er svært lik skrubbenever, men kan kjennes på at oversida er mer rent grå (uten gulaktig anstrøk), og at unge lober har glassaktige hår mot kanten. Undersida har et mer eller mindre godt utvikla årenett (noe som mangler hos skrubbenever). På løvtrær, særlig gråor, og på grankvister i områder med høy luftfuktighet. Sjelden i fuktige kløftområder på Østlandet. Vanligere fra Trøndelag til Troms. Rødlisteart (VU – sårbar).

Lobaria pulmonaria **Lungenever** × 1

Tallus bladforma, opptil flere dm i diameter, med djupe innskjæringer og tvert avskårne, grønne til brune lober. Oversida har et karakteristisk nettverk av rynker med isidier og/eller soral. Undersida gulhvit til lysebrun, korthåra, med spredte, nakne flekker. Fruktlegemer brune, skiveforma. På løvtrær med rik bark og på mosekledde bergvegger. I boreal regnskog også på grankvister. Utbredt i hele landet, men sjelden lengst nord. Mangler i fjellet.

Lobaria linita **Fjellnever** × 2

Fjellnever skiller seg fra lungenever ved at tallus er glinsende brunaktig og mangler isidier og soral-lignende flekker. Fruktlegemer brune, ikke påvist i norsk materiale. Blant moser på kalkrik grunn i fjellet. Nordlig art som er utbredt fra Røyrvik i Nord-Trøndelag til Finnmark.

Lobaria virens **Kystnever** × 0,5

Kystnever kan oppnå tilsvarende størrelse som sølvnever, men er grågrønn til gråbrun, grønn i fuktig tilstand. Oversida ofte noe ruglete og har som regel tallrike, brune, skiveforma fruktlegemer. Undersida lysebrun med sammenhengende hårdekke. På stammer av løvtrær med rik bark og på mosekledde bergvegger. Utbredt langs kysten fra Østfold til Gildeskål i Nordland.

Pseudocyphellaria citrina **Gullprikklav** × 2

Denne vakre bladlaven kan bli opptil 1 dm i diameter. Tallus uregelmessig innskåret med delvis oppstigende lober. Oversida svakt buklete, lyst gråbrun til mørkt rødbrun, med gule, punktforma soral som ofte flyter sammen. Undersida brun, tetthåra, med spredte, gule barkporer. På stammer av løvtrær, særlig rogn og gråor og på grankvister i boreal regnskog, sjelden på mosekledde bergvegger. Utbredt langs kysten fra Rogaland til Træna og Hemnes i Nordland. Rødlisteart (VU – sårbar).

Pseudocyphellaria norvegica **Kystprikklav** × 2

Kystprikklav skiller seg fra gullprikklav ved å ha hvite soral og barkporer. Tallus er rosettdannende, gjennomgående mørkt rødbrunt til gråbrunt og noe glinsende. Margen reagerer C+ rødt og KC+ oransje. Blant moser på skyggefulle bergvegger, sjelden også på basis av gamle løvtrær i områder med høy luftfuktighet. Utbredt fra Rogaland til Stad i Sogn og Fjordane. Rødlisteart (VU – sårbar).

Pseudocyphellaria intricata **Randprikklav** × 2

Randprikklav skiller seg fra kystprikklav på at tallus har soral bare langs kantene, og ved at marg og soral reagerer negativt med C og KC. Tilsvarende økologi og utbredelse som kystprikklav. Rødlisteart (VU – sårbar).

Sticta fuliginosa **Rund porelav** × 2

Tallus bladforma, opptil 1 dm i diameter, med avrunda, mørkt brune lober. Unge lober øreforma, tett besatt med grynaktige eller stiftforma til greina isidier. Undersida lysebrun, korthåra med hvite, konkave barkporer. Blant moser på skyggefulle berg og blokker og på stammer av løvtrær med rik bark, sjelden også på grankvister. Utbredt i kyst- og fjordstrøk fra Akershus til Træna i Nordland. **Traktporelav** *S. fuliginoides* ligner, men skilles på mikroskopiske detaljer i barkporene og ved at unge lober er traktforma. **Kransporelav** *S. ciliata* er ofte fertil og har rikelig med cilier langs talluskanten og på fruktlegemene. Rødlisteart (EN – sterkt trua).

Sticta canariensis **Skjellporelav** × 1

Tallus bladforma, opptil 1 dm i diameter, blågrå til gråbrun, som regel med småflika skjell langs kanten og på flata. Hovedformen har blågrønnbakterier, men smålober med grønn fotobiont dannes ofte langs kanten. Blant moser på berg og blokker i hasselkratt og edelløvskog, sjelden på trestammer. Typisk for boreonemoral regnskog. Utbredt fra Rogaland til Svanøy i Sogn og Fjordane. Rødlisteart (VU – sårbar).

Sticta limbata **Grynporelav** × 3

Grynporelav skiller seg fra de andre porelavene ved å ha blygrå, flatestilte og/eller kantstilte soral. Tallus er uregelmessig innskjært med avrunda, ofte oppstigende, gråbrune til brune lober. På mosekledde berg og på stammer av løvtrær med rik bark. Utbredt langs kysten fra Vest-Agder til Stjørdal i Nord-Trøndelag.

Sticta sylvatica **Buktporelav** × 2

Buktporelav kan ligne rund porelav, særlig som ung, men skilles på at lobene på utvokste eksemplarer har tydelige innbuktninger. Isidiene er dessuten ofte ujevnt fordelt, og barkporene er generelt mindre. På mosekledde berg og på løvtrær med rik bark. Sjelden på Østlandet. Vanligst i kyst- og fjordstrøk fra Agder til Tingvoll på Nordmøre.

Leptochidium albociliatum **Glasshårlav** × 3

Tallus bladforma, olivengrønt til brunsvart, opptil noen cm i diameter, med uregelmessige innskjæringer og oppstigende lober med bølga eller krusa kant. Karakteristisk for arten er at lobekanten har korte, glassaktige hår, ofte også kuleforma isidier. Blant moser på berg og blokker. Spredt fra Oppland og indre Sogn til Finnmark.

Massalongia carnosa **Moseskjell** × 2

Tallus bladforma, uregelmessig eller rosettdannende, gråbrunt til mørkebrunt. Lober variable, opptil 15 mm lange og 2 mm breie, med vorteforma til greina isidier langs kantene. Fruktlegemer med rødbrun skive. Over moser på sesongfuktige, kalkfattige berg og blokker. Utbredt i hele landet. Kan forveksles med **kalkfiltlav** *Fuscopannaria praetermissa*, se side 144.

Nephroma arcticum **Storvrenge** × 1 / × 2

Tallus bladforma, opptil flere dm i diameter, med bredt avrunda, gulgrønne lober og nedbøyd kant, med grønnalger. Oversida med blågrønne, konvekse cefalodier like under overbarken. Fruktlegemer brune, flate, på undersida av lobeender som bøyer seg opp. Undersida hvit og glatt langs kanten, svartfilta mot midten. Blant moser på skyggefulle berg og blokker og på marka, særlig i fjellnære områder. Utbredt i hele landet. I fuktige skoger i Midt-Norge forekommer en blågrønn morfotype (med blågrønnbakterier) som kan danne grønne lober langs kanten (bildet nederst). De blågrønne lobene har et fint mønster av hvite linjer.

Nephroma bellum **Glattvrenge** × 2

Tallus bladforma, opptil et par dm i diameter, med tallrike, ofte halvveis opprette eller overlappende gråblå til mørkebrune lober. Fruktlegemer tallrike, på undersida av lobespissene. Undersida lysebrun til brunsvart, ofte litt rynka. Marg hvit. På stammer av løvtrær med rik bark og på mosekledde berg. Utbredt i hele landet. **Kystvrenge** *N. laevigatum* er mørkere brun, har smålober langs kantene og gul marg. Kystutbredelse.

Nephroma resupinatum **Lodnevrenge** × 3

Lodnevrenge skiller seg fra glattvrenge ved at oversida av de fertile lobene er mer eller mindre lodne. Lobekantene har ofte isidielignende smålober. Undersida brun og tetthåra med små, hvite vorter. På løvtrær med rik bark og på mosekledde berg. Utbredt i hele landet, men sjelden lengst nord.

Nephroma expallidum **Fjellvrenge** × 0,75

Fjellvrenge kan ligne på storvrenge, men er gjennomgående mindre. Lobekantene er som regel tydelig krusa og oversida er grågrønn, ofte med et rødbrunt anstrøk. Cefalodier på undersida, synlig ovenfra kun som svake forhøyninger i tallus. Fruktlegemer sjeldne. Blant moser på kalkrik grunn i fjellet. Utbredt fra Vinje i Telemark til Finnmark.

Nephroma parile **Grynvrenge** × 1

Tallus gråblått til brunaktig, opptil 1 dm i diameter. Skiller seg fra de øvrige vrengeartene ved at den danner grove soredier langs lobekantene og på flata. Undersida er lysebrun til brunsvart, litt ruglete og naken. På stammer av løvtrær med rik bark og på mosekledde berg. Utbredt i hele landet. **Buklevrenge** *N. orvoi* ligner, men har mørk underside med filt og grovere soredier. Mindre vanlig enn grynvrenge. **Kystårenever** *Peltigera collina* kan også ligne, men har filtaktig underside med årenett og festetråder.

Erioderma pedicellatum **Trønderlav** × 3

Denne uhyre sjeldne bladlaven kan bli opptil noen cm i diameter og kjennes lett på sin gråbrune, filthåra overside med vakkert rødbrune, litt konvekse fruktlegemer. Undersida lyst gråaktig med gråhvite til blåsvarte hår. På tynne grankvister i boreal regnskog og fosserøykskog. Tidligere kjent fra noen få lokaliteter i Namdalen i Nord-Trøndelag. Nå kun kjent fra en fosserøykskog i Hedmark. Rødlisteart (CR – kritisk trua).

Fuscopannaria ahlneri **Granfiltlav** × 3

Tallus bladforma, opptil noen få cm i diameter, blygrått med lysebrune partier mot sentrum. Oversida svakt ru, særlig mot kanten, med kantstilte, gråblå soral og grove soredier. På tynne grankvister i boreal regnskog, mer sjelden på stammer av løvtrær med rik bark og på mosekledde berg og blokker. Utbredt fra indre deler av Oppland til Reisadalen i Troms. Vanligst i Midt-Norge og Nordland. Rødlisteart (EN – sterkt trua).

Fuscopannaria ignobilis **Skorpefiltlav** × 2

Tallus nesten skorpeforma, blygrått, med flate, tiltrykte, opptil 1 mm breie skjell. Fruktlegemer tallrike, opptil 0,5 mm breie, sterkt konvekse, rødbrune, med ruglete og forsvinnende talluskant. Hypotallus blåsvart, synlig mellom tallusskjellene. På stammer av løvtrær med rik bark, særlig ask og osp. Utbredt langs kysten fra Vest-Agder til Meløy i Nordland. Rødlisteart (NT – nær trua).

Fuscopannaria mediterranea **Olivenfiltlav** × 8

Tallus består av tallrike, opptil 3 mm breie, olivenbrune til gråblå, mer eller mindre tett sammensittende skjell med blygrå kantsoral og grove soredier. På stammer av løvtrær med rik bark og på mosekledde berg og blokker. Utbredt i fuktige dalstrøk på Østlandet og i kyst- og fjordstrøk fra Østfold til Lyngen i Troms. Rødlisteart (NT – nær trua). **Fossefiltlav** *F. confusa* ligner, men har ofte brunt, tykkere og blankere tallus og mer grynaktige soredier.

Fuscopannaria praetermissa **Kalkfiltlav** × 3

Tallus ofte som tykke puter av tettsittende, blågrå til brunsvarte, opptil 3 mm breie skjell, med gråhvite kanter som delvis (særlig i herbariet) skyldes terpen-krystaller (lupe!). Soredier og isidier mangler, men skjellene kan danne fingeraktige utvekster som viser den barkfrie undersida. Fruktlegemer sjeldne, med brun skive. Over jord og moser på baserik grunn, særlig i fjellet. Utbredt i hele landet.

Nevesia sampaiana **Kastanjefiltlav** × 5

Tallusskjell bleikt kastanjebrune, med lys kantsone som sprekker opp og danner grynaktige, grå til kremfarga soredier. Hypotallus velutvikla, blåsvart, synlig mellom tallusskjellene og rundt tallus. På stammer av løvtrær med rik bark og på mosekledde berg. Utbredt langs kysten fra Vest-Agder til Brønnøy i Nordland. Rødlisteart (VU – sårbar).

Pannaria rubiginosa **Kystfiltlav** × 1,5

Tallus bladforma, rosettaktig, opptil noen cm i diameter, sølvgrått til gråbrunt, gråblått som fuktig. Lober med noe ujevnt oppstigende, lys kant. Fruktlegemer tallrike, rødbrune, med velutvikla, ruglet talluskant. Hypotallus blåsvart, synlig langs talluskanten. På stammer av løvtrær med rik bark, mer sjelden på mosekledde berg. Utbredt i kyst- og fjordstrøk fra Østfold til Narvik i Nordland. Vanligst i Midt-Norge.

Pannaria conoplea **Grynfiltlav** × 2

Grynfiltlav er gjennomgående mindre enn kystfiltlav og har blygrå, grove soredier langs lobekantene. Fruktlegemer sjeldne. Hypotallus blåsvart, synlig langs talluskanten. På stammer av løvtrær med rik bark og på mosekledde blokker og bergvegger. Utbredt i fuktige dalstrøk på Østlandet og i kyst- og fjordstrøk fra Østfold til Finnmark, men sjelden lengst nord.

Pannaria hookeri **Fjellfiltlav** × 3

Tallus skorpeforma eller som tettsittende skjell i tiltrykte, opptil 3 cm breie rosetter, blågrått til gråbrunt. Randlober ofte noe forstørra. Fruktlegemer vanlige, opptil 2 mm breie, med svart skive og gråhvit, bølgete kant. På fuktige berg, som regel baserikt, for eksempel ultramafiske bergarter. Spredt fra Suldal i Rogaland til Finnmark, særlig i fjellet, nordpå også langs kysten.

Parmeliella parvula **Dvergfiltlav** × 8

Tallus består av små, flate til konkave, opptil 2 mm breie gråhvite til bleikbrune skjell med grove, isidie-lignende soredier langs kantene, mørkt gråblått i fuktig tilstand. Hypotallus blåsvart, synlig mellom skjellene. På tynne grankvister og stammer av løvtrær, mer sjelden på mosekledde bergvegger. Utbredt langs kysten fra Rogaland til Hemnes i Nordland. Vanligst i boreal regnskog i Midt-Norge.

Parmeliella triptophylla **Stiftfiltlav** × 5

Tallus består av tettsittende, opptil 1 mm breie, gråblå til gråbrune skjell på et velutvikla blåsvart hypotallus. Isidier langs kantene, ofte også på flatene, stiftforma til koralloide. Fruktlegemer ikke vanlige, flate til svakt konvekse, mørkt rødbrune med tynn, lys rand uten talluskant. På stammer av løvtrær med rik bark, mer sjelden på bartrær og mosekledde berg. Utbredt i hele landet.

Pectenia cyanoloma **Praktfiltlav** × 2

Tallus danner tykke, opptil 3 dm breie, grå til blågrå rosetter. Tallussegmenter smale, med tverrbølga struktur og tydelige, fine lengdestriper. Fruktlegemer tallrike til sparsomme, mørkt rødbrune med tynn, noe lysere kant. På stammer av løvtrær med rik bark og på mosekledde bergvegger og blokker. Utbredt fra Rogaland til Nærøy i Trøndelag. Rødlisteart (VU – sårbar). **Kystblåfiltlav** *P. atlantica* ligner, men har kule- til stiftforma isidier. Ytre deler av Vestlandet. Rødlisteart (NT – nær trua).

Pectenia plumbea **Blylav** × 2

Blylav ligner praktfiltlav, men er gjennomgående mindre, og fruktlegemene er små og lyst rødbrune. Tallus-segmentene er ikke tverrbølga, og det fine mønsteret på lobespissene er nettaktig snarere enn lengdestripa. Hypotallus tykt skjeggforma, gråhvitt til blåsvart, synlig langs kanten av tallus. På stammer av løvtrær med rik bark og på mosekledde bergvegger. Utbredt i kyst- og fjordstrøk fra Østfold til Finnmark. Sjelden i innlandet.

Protopannaria pezizoides **Skålfiltlav** × 5

Skålfiltlav kan forveksles med skorpefiltlav, og skilles enklest fra denne på at fruktlegemene er betydelig større, opptil 2 mm i diameter, med flat til svakt konveks skive og kraftig ruglet talluskant. Tallusskjellene sitter dessuten tettere, nesten taklagt og har ofte et rødbrunt anstrøk. Hypotallus dårlig utvikla. Over moser på marka og på stammer av løvtrær, på død ved og på berg og blokker. Utbredt i hele landet.

Psoroma hypnorum **Skjellfiltlav** × 3

Tallus av tett- eller spredtstilte, grågrønne til gulbrune, opptil 5 mm breie skjell, av og til som gryn, friskt grønn i fuktig tilstand. Cefalodier brune, skjell- til vorteforma, mellom tallusskjellene. Fruktlegemer rødbrune, skålforma, med velutvikla talluskant av innoverbøyde skjell med hvitfilta underside. Over moser på berg og blokker, og på basis av løvtrær. Utbredt i hele landet, sjelden i lavere strøk på Østlandet.

Staurolemma omphalarioides **Narreglye** × 0,25

Narreglye kan forveksles med puteglye, se side 123, men kan skilles på at både tallus og kanten av fruktlegemene har kuleforma isidier. Dessuten bevares tallus-strukturen i tørr tilstand i mye større grad enn hos puteglye. Sporene er bredt ellipsoide til runde. På mosekledde stammer av løvtrær med rik bark, fortrinnsvis osp. Utbredt langs kysten fra Møre og Romsdal til Hamarøy i Nordland. Rødlisteart (EN – sterkt trua).

Peltigera aphthosa **Grønnever** × 0,75

Tallus bladforma, opptil et par dm i diameter, med avrunda lober, grønn i fuktig tilstand, ellers grågrønn. Cefalodier vanlige på oversida, flate, tiltrykte, gråbrune. Undersida med brei, lys, filtaktig kantsone, mørk mot midten, uten tydelig årenett. Fruktlegemer brune, salforma, på oversida av korte sidelober. Blant moser på marka i fattige skogtyper, særlig i fjellnære områder. Utbredt i hele landet, men sjelden langs kysten. **Åregrønnever** *P. leucophlebia* har tydelig årenett og vokser på baserik grunn. **Brei grønnever** *P. latiloba* har breie regelmessige lober med finlodden overside og bølgete kant. Rødlisteart (VU – sårbar).

Peltigera britannica **Kystgrønnever** × 2

Kystgrønnever skiller seg fra grønnever ved at tallus er tynnere, og ved at cefalodiene er skjellforma og oppstigende. Undersida har antydning til årenett, men ikke så markert som hos åregrønnever. Ikke sjelden forekommer blågrønne lober (med blågrønnbakterier) som fra kanten får grønne lober (med grønnalger). På mosekledde bergvegger. Utbredt i kyst- og fjordstrøk fra Agder til Finnmark.

Peltigera canina **Bikkjenever** × 1,5

Tallus bladforma, opptil flere dm i diameter, lyst grått til gråbrunt eller gråblått, tydelig filthåra. Undersida lys, filtaktig, med skarpt avsatt årenett. Ofte noe mørkfarga årer mot sentrum. Festetråder forholdsvis korte, buskaktige, hvite til lyst brune. Fruktlegemer brune, flate til salforma. Blant mose i åpen skog, på berg og i beitemark. Utbredt i hele landet. Tilhører en komplisert gruppe med flere nærstående arter.

Peltigera collina **Kystårenever** × 1

Tallus bladforma, opptil et par dm i diameter, gråblått til gråbrunt, med smale lober som har småbølga, servdiøs kant, av og til også flatestilte punktsoral. Undersida lys med korte, buskaktige, mørkfarga festetråder. Fruktlegemer mørkebrune til svarte. På mosekledde berg og trestammer. Utbredt fra Østfold til Finnmark. Forholdsvis sjelden i indre strøk.

Peltigera horizontalis **Blanknever** × 1

Tallus blankt og skinnende glatt, gråblått til gråbrunt, opptil et par dm i diameter. Undersida med lys kantsone, mot midten med sterk kontrast mellom svarte, breie, flate årer og lysende, hvite mellomrom. Fruktlegemer flate, runde. På mosekledde berg og blokker og ved basis av løvtrær, oftest i edelløvskog. Utbredt fra Østfold til Nord-Trøndelag. **Frynsenever** *P. elisabethae* har samme type fruktlegemer, men har svart underside uten tydelig årenett og frynsete talluskant. Spredt i det meste av landet.

Peltigera hymenina **Papirnever** × 1

Tallus opptil et par dm i diameter, forholdsvis tynt, gråblått til brunlig, matt eller svakt glinsende. Lobespissene gjennomgående bølga til krusa. Skyggeformer mindre krusa enn eksemplarer som vokser lysåpent. Undersida alltid med brei, lys kantsone og okerfarga årenett. Fruktlegemer brune, salforma, men oftest steril. På mosekledde berg og blokker. Utbredt i kyst- og fjordstrøk fra Østfold til Finnmark.

Peltigera neopolydactyla **Brei fingernever** × 0,5

Tallus opptil flere dm i diameter, glatt og blankt, med avrunda lober, varierende fra lyst gråblått til brunaktig, mørkt gråblått som fuktig. Undersida forholdsvis lys med brunaktig årenett og mørke festetråder. Fruktlegemer vanlige, brune, salforma. Blant moser på marka, ofte i fattig barskog og på humusdekket berg og blokker. Utbredt i det meste av landet, men er sjelden på Sør- og Vestlandet.

Peltigera occidentalis **Irrnever** × 1

Irrnever er svært lik brei fingernever og skilles best på at tallus er noe tykkere og tydelig irrgrønt i fuktig tilstand. Dessuten er årenettet på undersida mørkere, og tallus inneholder en annen sammensetning av terpener. Blant moser på berg og blokker og på marka i fattige skogtyper, særlig i fjellnær bjørkeskog og barskog. Utbredt fra Setesdalen til Troms.

Peltigera praetextata **Skjellnever** × 1

Skjellnever kjennetegnes ved at den som regel danner skjellforma eller koralloide isidier langs lobekantene og langs tallussprekker. Tallus er lyst gråblått eller gråbrunt til mørkebrunt, noe filthåra langs kantene, opptil flere dm i diameter. Årenettet på undersida er oftest brunlig, og festetrådene er lange, brunaktige og oppflisa i spissene. På mosekledde berg og trestammer. Utbredt i hele landet, bortsett fra i indre og høyereliggende strøk.

Peltigera retifoveata **Huldrenever** × 1

Tallus opptil et par dm i diameter, med avrunda, oppstigende lober. tydelig filthåra mot spissene, ellers glatt. Kjennes kanskje best på undersida, som er gjennomgående lys med markert nettverk av årer i kontrast mot mørke, spredtstilte festetråder. Blant moser på marka i fjellnær skog. Sjelden art som bare er kjent fra Oppland (Vågå) og Sør-Trøndelag (Oppdal). Rødlisteart (CR – kritisk trua).

Peltigera scabrosa **Runever** × 1

Tallus opptil et par dm i diameter, grågrønt til brunaktig, mørkt grønt som fuktig, med karakteristisk ru overflate som gir laven et matt og nesten fløyelsaktig preg. Undersida med okerfarga årenett som blir mørkere mot midten, med korte, buskaktige, ganske mørke festetråder. Blant moser på berg og på marka, ofte i fuktig heivegetasjon. Utbredt i hele landet, men vanligst i fjellet. **Sildrenever** *P. scabrosella* er mindre, med helt lys underside, og vokser på fuktige berg.

Peltigera venosa **Kalknever** × 0,5

Tallus bladforma, friskt grønt i fuktig tilstand, opptil noen cm i diameter. Oversida naken og glinsende, som regel med mørkt brune, runde, kantstilte fruktlegemer. Undersida med mørke, vifteforma årer i sterk kontrast til hvite mellomrom. Cefalodier kulerunde, på årene. Blant kortvokste moser på kalkrik jord. Utbredt i kalkområder i hele landet. Mangler på Sør- og Vestlandet.

Solorina crocea **Safranlav** × 1,5

Tallus opptil 1 dm i diameter, grågrønt til brunaktig, med brune skålforma fruktlegemer. Kjennes lett på undersida, som er sterkt oransjerød med rødbrune årer. Lobekantene vrenger seg opp slik at fargen er synlig ovenfra. På erodert mark, ofte grus og i snøleier på fattig grunn. Utbredt i fjellet i hele landet.

Solorina saccata **Mellomskållav** × 1

Tallus bladforma, rosettforma, opptil 1 dm i diameter, grønt som fuktig, ellers grågrønt til brunaktig. Lober regelmessig avrunda, av og til med rimaktig belegg mot kantene. Fruktlegemer brune, skålforma, flatestilte, innsenka i tallus. Sporesekkene med fire brune sporer. Undersida hvit med lange festetråder. På kalkrik jord, ofte i små sprekker på berg. Utbredt i kalkområder i hele landet. **Liten skållav** *S. bispora* og **stor skållav** *S. octospora* ligner, men skilles på sporestørrelse og antall sporer i sporesekkene. Fjellarter.

Siphula ceratites **Pyttlav** × 1

Tallus buskforma, som regel oppstigende i tette, opptil noen cm høye, elfenbenshvite tuer. Greiner kompakte, lite forgreina, med langsgående furer, særlig mot basis, butte i spissene. Fruktlegemer ikke kjent, men pyknidier kan forekomme. På jord over berg i åpne kystheier, særlig i små forsenkninger der det tidvis står noe vatn. Utbredt langs kysten fra Rogaland til Finnmark.

Thamnolia vermicularis **Makklav** × 1,5

Makklav skilles lett fra pyttlav ved at greinene, som kan bli opptil 1 dm lange, ofte er nedliggende og spredte, har glatt bark uten furer og er hule og tilspissa. På vindblåste rabber i fjellet i hele landet.

Polycauliona candelaria **Grynmessinglav** × 5

Tallus puteforma, danner kolonier som kan bli flere dm i diameter, gult til guloransje. Lober opprette og sterkt flika, med soredier langs kanten. Fruktlegemer forholdsvis sjeldne. På fuglegjødsla steiner og på løvtrær med rik bark. Utbredt i hele landet.

Polycauliona polycarpa **Småmessinglav** × 5

Tallus puteforma, opptil et par cm i diameter, kjennes lett igjen på at så godt som hele tallus er dekket av fruktlegemer. Soredier mangler. På løvtrær, mer sjelden på død ved. Utbredt i lavlandet fra Østfold til Troms. Sjelden på Vestlandet og nord for Trøndelag.

Rusavskia elegans **Raudberglav** × 2

Tallus bladforma, rosettaktig, med smale, konvekse, teglsteinsrøde lober. Fruktlegemer vanlige. På kalkrike berg og på berg påvirka av fuglegjødsel, ikke sjelden også på betongmurer. Utbredt i hele landet, særlig i fjellet, men sjelden i kystområdene i Sør-Norge.

Rusavskia sorediata **Kalkmessinglav** × 3

Tallus bladforma, tiltrykt og rosettdannende, teglsteinsrødt, opptil 5 cm i diameter. Lober radierende og forgreina, opptil 1 mm breie, flate til konvekse, med sorediøse isidier mot midten av tallus. Fruktlegemer sjeldne. På kalkrike berg og blokker. Utbredt i det meste av landet, særlig i fjellet, men mangler på Sør- og Vestlandet.

Xanthomendoza fulva **Leppemessinglav** × 2

Tallus bladforma, tydelig flika, opptil 1 cm i diameter, tiltrykt eller halvveis oppstigende, oransjerødt. Mange tallus kan sitte tett sammen på store flater. Undersida av lobespissene med soredielignende gryn. På stammer av rikbarkstrær i parker, alléer og lignende. Utbredt på Østlandet, indre strøk på Vestlandet og Trøndelag nord til Steinkjer. **Tunmessinglav** *X. oregana* ligner, men har normalt en mer guloransje farge. Østlandet og Trøndelag. Rødlisteart (CR – kritisk trua).

Xanthoria parietina **Vanlig messinglav** × 2

Tallus bladforma, rosettdannende, guloransje, opptil 1 dm i diameter, med flate til konkave kantlober. Fruktlegemer tallrike, særlig mot sentrum av tallus, med rødoransje skive. På løvtrær med rik bark, særlig osp, der den er et karakteristisk innslag i kulturlandskapet, og på strandberg. Utbredt fra Østfold til Finnmark, men mangler i fjellet og i indre strøk av Nord-Norge. Lavparasitten **rosaklatt** *Illosporiopsis christiansenii* kan sees som rosa flekker. **Kystmessinglav** *X. aureola* ligner, men er som regel steril og danner overlappende, streng-lignende smålober.

Lasallia pustulata **Blærelav** × 1

Tallus gråbrunt, opptil et par dm i diameter, med karakteristiske blærer som er konvekse på oversida av tallus, konkave på undersida. Oversida ofte ru, med rimaktig belegg mot midten og flatestilte, koralloide isidier. Fruktlegemer sjeldne, svarte, skiveforma. Undersida gråbrun til svart. På berg og blokker som ofte er påvirka av fuglegjødsling. Vanlig i Sør-Norge til Stad. Spredt videre nordover langs kysten til Finnmark.

Umbilicaria arctica **Vardelav** × 1,5

Tallus tykt, gråbrunt til mørkebrunt, noe lysere mot midten, opptil 1 dm i diameter. Oversida sterkt rynka og delvis med folder mot sentrum. Fruktlegemer tallrike, svarte, med folder. Undersida svart rundt festepunktet, ellers lyst gråbrun til rosa, glatt. Oftest på fuglegjødsla berg og blokker i fjellet, nord for Dovre også på strandberg. Utbredt i hele landet.

Umbilicaria crustulosa **Knappskjold** × 2

Tallus enblada, opptil 10 cm i diameter, grå, sjelden brunaktig, glatt til svakt ru, ofte med enkelte rynker og folder mot midten og med oppstigende bunter av tråder som minner om festetråder. Undersida ru, lyst beige til rosa, med tallrike festetråder. Fruktlegemer tallrike, med eller uten steril midtsøyle, etter hvert med folder. På berg og blokker. Utbredt i hele landet, men sparsom i innlandet og lengst nord.

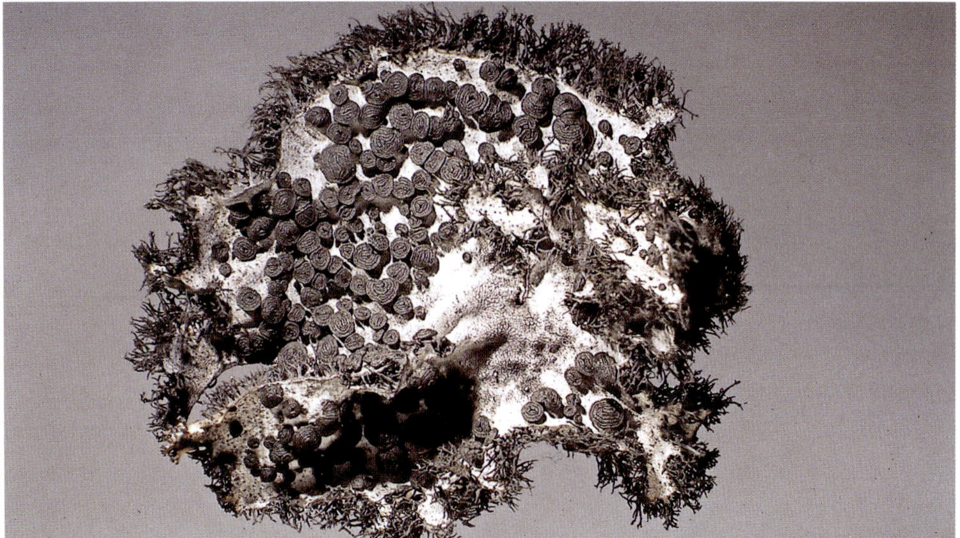

Umbilicaria cylindrica **Frynseskjold** × 2

Frynseskjold kjennes lett igjen på at talluskanten er tett besatt med lange, svarte tråder. Tallus grått til gråbrunt, av og til noe rynkete med rimaktig belegg mot sentrum, opptil noen cm i diameter. Fruktlegemer tallrike, svarte, med folder. Undersida gråsvart til rosa, som regel glatt. På sure berg og blokker. Utbredt i hele landet.

Umbilicaria hyperborea **Buklenavlelav** × 2

Tallus forholdsvis tynt, bladforma, brunt, opptil 1 dm i diameter med ruglete overflate. Fruktlegemer tallrike, svarte, med mange uregelmessige folder. Undersida brun til svart, som regel glatt. På sure berg og blokker. Utbredt i hele landet. **Soll-lav** *U. torrefacta* ligner, men tallus er gjennombrutt av små hull, særlig mot kanten, og har radierende lister mot sentrum.

Umbilicaria polyphylla **Glatt navlelav** × 2

Tallus flerbladet, opptil noen cm i diameter, med bølget, ofte oppbøyd og flika kant. Oversida oftest brun og glatt. Fruktlegemer sjeldne, med foldet skive. Undersida svart, delvis glatt eller ru av tallrike tallokonidier. På berg og blokker, ofte solrikt. Utbredt i hele landet.

Umbilicaria polyrrhiza **Kobberlav** × 2

Tallus kobberbrunt, glatt og ofte litt glinsende, opptil noen cm i diameter. med grupper av svarte, stive tråder som stikker opp gjennom hull i barken. Fruktlegemer svært sjeldne, med radiære folder. Undersida svart, med rynker og tallrike festetråder med små gryn. På berg, ofte nær sjøen. Utbredt i kyst- og fjordstrøk fra Østfold til Vega i Nordland. Sjelden i innlandet.

Umbilicaria proboscidea **Rimnavlelav** × 2

Tallus grått til gråsvart, forholdsvis tynt, opptil noen cm i diameter. Oversida sterkt rynka, med et rimaktig belegg mot sentrum. Fruktlegemer tallrike, med folder. Undersida grå til brun, lysere mot midten, som regel glatt. På sure berg og blokker. Utbredt i hele landet.

Umbilicaria spodochroa **Kystnavlelav** × 0,5

Tallus forholdsvis tykt, grått eller gråbrunt til mørkt brunt, opptil 1 dm i diameter. Oversida med tallrike, svarte fruktlegemer med steril midtsøyle, som regel også med grupper av stive tråder som stikker opp gjennom hull i barken. Undersida svart med tallrike, ofte greina festetråder. Oftest på strandberg. Utbredt langs kysten fra Østfold til Vågan i Lofoten.

Umbilicaria vellea **Lys navlelav** × 1,5

Tallus gjennomgående gråhvitt, sjelden noe brunaktig, ofte nettaktig oppsprukket mot sentrum, opptil 1 dm eller mer i diameter. Oversida med grupper av svarte, stive tråder som stikker opp gjennom sprekker i barken. Fruktlegemer sjeldne, med folder. Undersida svart med brunsvarte, ofte greina festetråder og papiller som produserer små gryn. På klipper og bergvegger. Utbredt i hele landet, men vanligst i fjellet.

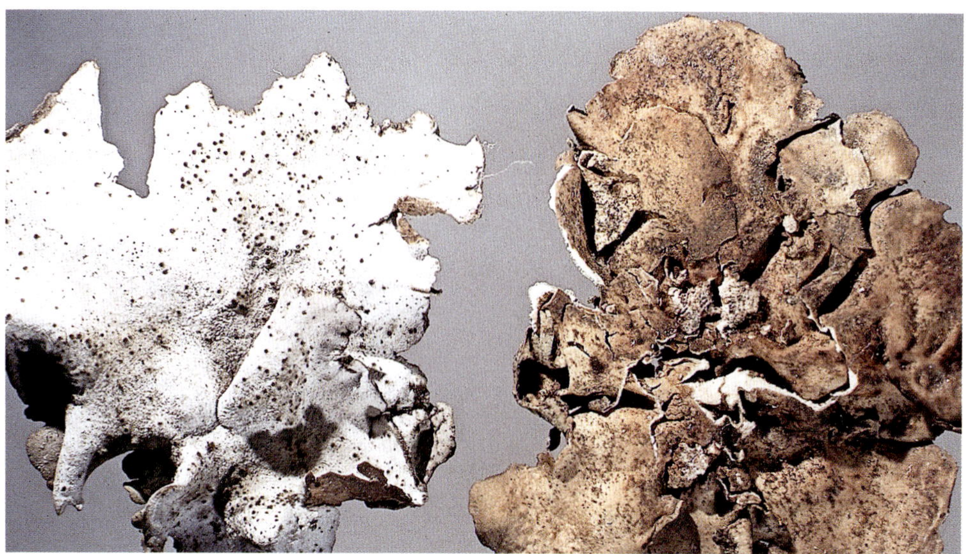

Dermatocarpon miniatum **Glatt lærlav** × 2

Tallus bladforma, opptil noen cm i diameter, med grå overside som ofte har et rimaktig belegg og teglsteinsfarga underside. Fruktlegemene er perithecier som er innsenka i tallus slik at bare åpningene er synlige som svarte prikker på oversida. Lærlavene minner om navlelavene, men de er ikke nært beslekta. På berg, gjerne sildreflater. Utbredt i hele landet, men mangler i indre Hedmark og på Finnmarksvidda.

Normandina pulchella **Muslinglav** × 8

Tallus består av små, avrunda, opptil 2 mm breie, grønne til grågrønne skjell med en skarpt avsatt, oppstigende kant. Skjellene sitter enkeltvis eller tett sammen og har ofte soredier langs kantene. Over moser og andre lavarter på stammer av løvtrær og på bergvegger. Utbredt i kyst- og fjordstrøk fra Vestfold til Bindal i Nordland. Sjelden i dalstrøk på Østlandet.

Knappenålslav

Acolium inquinans **Gråsotbeger** × 0,5

Tallus skorpeforma, velutvikla, oppdelt i vorteforma areoler, lyst gråaktig til mørkt grått. Fruktlegemer skålforma, opptil 1,3 mm i diameter, sittende på tallusvorter, med hvitt belegg langs kanten. Sporepulver svart. Modne sporer glatte. Oftest på døde kvister av gran i gamle, ofte fjellnære sumpgranskoger, men opptrer også på stammer av fattigbarkstrær, gamle gjerder og utløer. Utbredt i store deler av landet, men sjelden eller mangler langs kysten, særlig i nord. **Trollsotbeger** *A. karelicum* ligner, men er mindre, har mørkere tallus, mindre fruktlegemer og vortete sporer. Begge er rødlistearter (VU – sårbar).

Allocalicium adaequatum **Orenål** × 10

Tallus innsenka i substratet. Fruktlegemer kortstilka, opptil 0,8 mm, med smalt ellipseforma til sylindriske hoder som kan være noe tilspissa i toppen. Belegg mangler. Stilk brunaktig. Sporepulver svart. På tynne, døde og døende kvister av gråor i sumpskog. Kjent fra indre Østlandet og fra Trøndelag. Sjelden, muligens oversett.

Calicium denigratum **Blanknål** × 15

Tallus innsenka i substratet. Fruktlegemer svarte, slanke, skinnende blanke, opptil 1,5 mm høye. Hodene mer eller mindre klokkeforma, helt uten hvitt belegg (pruina). På hard og ofte eksponert ved av furu i eldre furuskog. Utbredt i barskogsområder på Østlandet og Trøndelag og spredt nordover til Pasvik. Sjelden eller mangler langs kysten. Rødlisteart (NT – nær trua).

Calicium glaucellum **Hvitringnål** × 12

Tallus vanligvis innsenka i substratet, kun synlig som en gråhvit, tynn skorpe. Fruktlegemer kortstilka, opptil 1 mm, med bredt linseforma hoder, flate i toppen. Rimaktig belegg på undersida av hodet gir inntrykk av en hvit ring. Stilk og sporepulver svart. På død ved, oftest høgstubber av både bar- og løvtrær og på stammer av gran og furu i eldre skog, gjerne lysåpent. Utbredt i skogstrakter i hele landet, men sjelden nord for Saltfjellet.

Calicium salicinum **Rødhodenål** × 8

Tallus innsenka i substratet, gråaktig. Fruktlegemer av middels lengde, opptil 1,5 mm, med bredt linseforma hoder, flate i toppen. Unge hoder smalere og tilspissa. Rødbrunt belegg på undersida av hodet, som regel mer markert enn hos grønn sotnål. Stilk og sporepulver svart. På død ved, oftest høgstubber av både bar- og løvtrær, og på stammer av eik og gran, mer sjelden på andre treslag. Utbredt i skogstrakter i hele landet. På Østlandet primært i eldre edelløvskoger og parker.

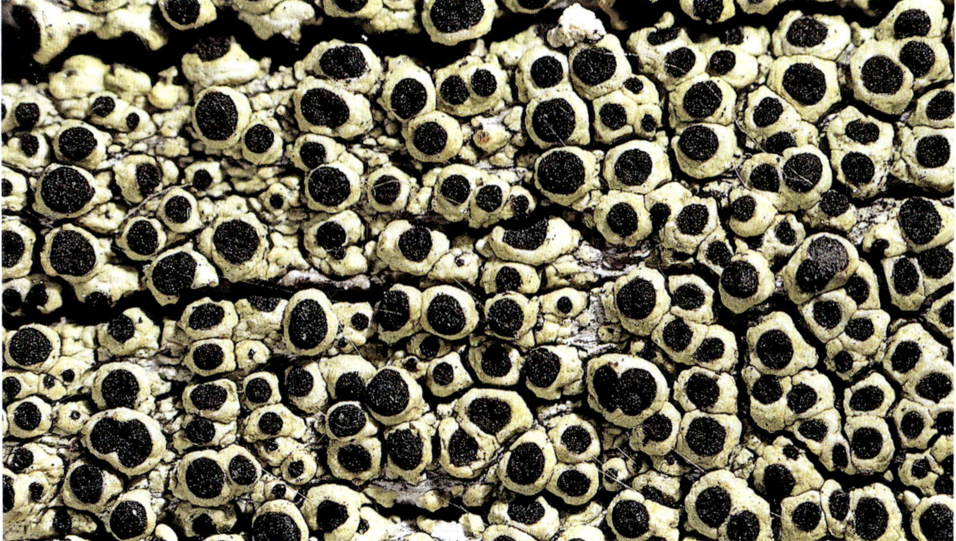

Calicium tigillare **Gjerdesotbeger** × 10

Tallus skorpeforma, som regel velutvikla, oppdelt i vorteforma areoler, intenst gult. Fruktlegemer skålforma, innsenka i tallusvorter, opptil 1 mm i diameter. Sporepulver svart. På død ved, særlig av furu, ofte på gjerdestolper og gamle høyløer. Utbredt i innlandet fra Telemark til Finnmark.

Calicium trabinellum **Gullringnål** × 10

Gullringnål er svært lik hvitringnål og skilles best fra denne ved det gule belegget på undersida av hodet. Voksested og utbredelse i hovedsak som for hvitringnål, men den er noe mer nordlig.

Calicium viride **Grønn sotnål** × 13

Tallus grynaktig, som regel grønt, ofte med et gulaktig skjær, sjelden innsenka i substratet. Fruktlegemer langstilka, opptil 2,5 mm, med bredt linseforma hoder, flate til konvekse i toppen. Undersida av hodet med rødbrunt belegg. Stilk og sporepulver svart. På stammer av ulike treslag, særlig på gran i eldre skog, men også på stående, død ved av både bar- og løvtrær. Utbredt i skogstrakter i hele landet.

Chaenotheca brunneola **Fausknål** × 16

Tallus oftest innsenka i substratet, sjelden på overflata, finkorna (UV+ blåhvitt). Fruktlegemer av middels lengde, opptil 1,5 mm, med bredt avrunda hoder. Belegg mangler. Sporepulver brunt. Stilk svart og blank, av og til brunaktig øverst på grunn av sporene. På død ved, oftest gadd av gran og furu, men også av løvtre. Utbredt i skogstrakter nord til Troms.

Chaenotheca chrysocephala **Gulgrynnål** × 12

Tallus av relativt grove, tydelig gule, barkkledde gryn. Fruktlegemer av middels lengde, opptil 1,5 mm, med bredt eggforma hoder, flate til konvekse i toppen. Undersida av hodet med gult belegg. Stilk svart. Sporepulver brunt. Oftest på stammer av gran og på avbarka stubber av både bar- og løvtrær. Kan vokse relativt åpent. Utbredt i skogstrakter i hele landet, særlig i fjellnær skog.

Chaenotheca cinerea **Huldrenål** × 10

Tallus gråhvitt, grynaktig og uregelmessig, sjelden innsenka i substratet. Fruktlegemer kortstilka, opptil 1 mm, med bredt eggforma hoder. Hvitt belegg på undersida av hodet og øvre del av stilken. Den hvitpudra delen av hodet er som regel sterkt oppflisa og ujevn. Sporepulver brunt. På stammer av gamle løvtrær og på døende moser på bergvegger på steder med lokalt høy luftfuktighet, særlig bekkekløfter. I innlandet fra Telemark til Nord-Trøndelag, Finnmark. Sjelden. Rødlisteart (EN – sterkt trua).

Chaenotheca ferruginea **Rustflekknål** × 20

Tallus gråhvitt, grynaktig eller vortete, sjelden delvis innsenka i substratet, ofte med guloransje til rustfarga flekker. Fruktlegemer varierende, opptil 2 mm med blank stilk og omvendt kjegleforma hoder uten belegg. Sporepulver brunt. På stammer og død ved av fattigbarkstrær, hovedsakelig furu og gran. Utbredt fra Agder til Troms, men ganske sjelden langs kysten, særlig i nord.

Chaenotheca furfuracea **Gullnål** × 8

Tallus sorediøst, tydelig gult til gulgrønt. Fruktlegemer langstilka, opptil 3 mm, med runde hoder. Gult belegg både på stilk og hode. Sporepulver brunt. Vokser tørt og skyggefullt på dødt plantemateriale, særlig på rotvelter, mellom rothalser av grove trær, under overhengende bergvegger og på stubber av ulike treslag. Utbredt i skogstrakter i hele landet.

Chaenotheca gracilenta **Hvithodenål** × 8

Tallus finsorediøst, grønt til grågrønt. Fruktlegemer langstilka, opptil 4 mm med forholdsvis små, runde, gråhvite hoder. Belegg mangler. Stilk svart. Sporepulver gråhvitt. Vokser skyggefullt på dødt plantemateriale, mellom rothalser på grove trær, på rotvelter, under overhengende, helst rike bergvegger og på høgstubber av ulike treslag. Spredt i det meste av landet til Finnmark, med unntak av Sørvestlandet. Rødlisteart (NT – nær trua).

Chaenotheca gracillima **Langnål** × 8

Tallus som regel innsenka i substratet. Fruktlegemer langstilka, opptil 3 mm, med små runde hoder. Hodet og øvre del av stilken med rødbrunt belegg. Stilk svart nederst. Sporepulver brunt. På død ved, oftest høgstubber av både gran og løvtrær i fuktige skoger i nedbrytingsfase, særlig langs vassdrag. Utbredt på Østlandet og i Trøndelag nord til Troms. Mangler på Sør- og Vestlandet.

Chaenotheca hispidula **Smalhodenål** × 10

Tallus innsenka i substratet. Fruktlegemer kortstilka, opptil 1 mm med bredt ellipseforma hoder, flate i toppen. Undersida av hodet og øvre del av stilken med gult belegg. Stilk svart nederst. Sporepulver brunt. På gamle løvtrestammer i skyggefulle habitat, særlig bekkekløfter. Spredt i innlandet fra Telemark til Sør-Trøndelag, sjelden nord til Målselv i Troms. Rødlisteart (EN – sterkt trua).

Chaenotheca stemonea **Skyggenål** × 12

Tallus finkorna, grønt til blågrønt. Fruktlegemer av middels lengde, opptil 1,5 mm, med bredt avrunda hoder. Belegg mangler. Stilk svart. Sporepulver brunt, farger ofte øvre del av stilken. På basis av granstammer og på død ved, oftest høgstubber, av bar- og løvtrær i skyggefulle, fuktige habitat. Utbredt i skogstrakter i det meste av landet nord til Finnmark. Vanligst på Østlandet og i Trøndelag.

Chaenotheca trichialis **Skjellnål** × 6

Tallus velutvikla, av grove gryn eller små skjell, grågrønt til brunaktig, matt eller skinnende. Fruktlegemer av middels lengde, opptil 2 mm med bredt avrunda hoder. Undersida av hodet og øvre del av stilken med utydelig, hvitt belegg. Stilk for øvrig skinnende svart. Sporepulver brunt. På stammer og høgstubber av bar- og løvtrær, særlig på basis av eldre granstammer. Utbredt i skogstrakter i hele landet. **Parasittsvartnål** *Chaenothecopsis epithallina* er vanlig på tallus-skjellene.

Sclerophora amabilis **Praktdoggnål** × 10

Tallus innsenka i substratet. Fruktlegemer av middels lengde, opptil 2 mm med bredt avrunda hoder. Undersida av hodet og stilkens øvre del med gult belegg. Stilk rødbrun, av og til gulaktig. Sporepulver bleikbrunt til okerfarga. Sporer runde, ca. 5 µm. På høgstubber av løvtrær og på råtnende bark av levende trær, særlig rogn. Utbredt fra Indre Sogn til Brønnøy i Nordland. Kan forveksles med bleikdoggnål, som har gul, gjennomsiktig stilk og større sporer. Rødlisteart (EN – sterkt trua).

Sclerophora coniophaea **Rustdoggnål** × 12

Tallus innsenka i substratet. Fruktlegemer av middels lengde, opptil 2 mm, med bredt avrunda til ellipseforma hoder. Undersida av hodet og stilkens øvre del med rustbrunt belegg. Unge fruktlegemer helt dekket av belegg. Stilk brun nederst. Sporepulver okerfarga. På basis av gran og bjørk og på stående død ved i rike skogtyper, i sør også på gamle edelløvtrær. Østlig art. Utbredt fra Agder til Finnmark. Mangler på Vestlandet. Rødlisteart (NT – nær trua).

Sclerophora pallida **Bleikdoggnål** × 10

Tallus innsenka i substratet. Fruktlegemer kortstilka, opptil 1 mm, med bredt avrunda hoder. Undersida av hodet med sitrongult belegg. Stilk bleikgul til avfarga og nesten gjennomsiktig. Sporepulver okerfarga. På basis av gamle edelløvtrær i rike skoger, parker og alléer. Sørlig art. Utbredt fra Østfold til Grong i Nord-Trøndelag. Rødlisteart (NT – nær trua).

Sclerophora peronella **Kystdoggnål** × 10

Tallus innsenka i substratet. Fruktlegemer kortstilka, opptil 0,8 mm, med runde hoder. Hodet med gråhvitt belegg. Stilk lys med rødbrun kjerne (synlig som fuktig). Sporepulver bleikt kjøttfarga til okerfarga. På gamle løvtrær og på høgstubber av løvtrær i gammel, fuktig skog. Utbredt i kyst- og fjordstrøk fra Østfold til Hamarøy i Nordland. Rødlisteart (NT – nær trua). **Blådoggnål** *S. farinacea* kan ligne, men har opptil 1,2 mm høye fruktlegemer, større sporer, mørk stilk og blåhvitt belegg på hodet. Rødlisteart (VU – sårbar).

Chaenothecopsis fennica **Tyrinål** × 25

Tallus mangler. Fruktlegemer ganske kraftige, opptil 1,5 mm, svarte til brunsvarte, bortsett fra hodet, som er dekket av et blåhvitt belegg. På død ved av furu i lysåpne habitat, ofte sammen med blanknål. Mer sjelden på død ved av gran. Utbredt særlig i indre deler av Østlandet, spredt videre nordover til Pasvik. Mangler på Sør- og Vestlandet. Rødlisteart (NT – nær trua).

Chaenothecopsis haematopus **Rødfotnål** × 10

Tallus mangler. Fruktlegemer slanke, ganske store, opptil 2,5 mm, med rødt, K+ irrgrønt pigment i stilken, og med runde, svarte hoder. På død ved av bjørk og selje. Sjelden art som bare er kjent fra Rendalen i Hedmark og Røros i Sør-Trøndelag. Rødlisteart (VU – sårbar).

Chaenothecopsis viridialba **Rimnål** × 10

Tallus mangler. Fruktlegemer opptil 2 mm, med runde, svarte hoder. Stilk svart, dekket av et hvitt, rimaktig belegg i øvre del. Hodet inneholder et rødt, K+ irrgrønt pigment. På stammer og døde kvister av gran i gamle, ofte fjellnære sumpgranskoger. Østlig art. Utbredt fra Telemark til Nord-Trøndelag. Rødlisteart (NT – nær trua).

Stenocybe flexuosa **Dysternål** × 20

Tallus mangler. Fruktlegemer ganske store, opptil 4 mm, svarte og blanke, av og til med svakt forgreina stilk. Hodene er omvendt kjegleforma til nesten runde. På grove kvister av gran i boreal regnskog. Sjelden art som kun er kjent fra Overhalla i Nord-Trøndelag. Rødlisteart (CR – kritisk trua). **Tvillingnål** *S. pullatula* er mye mindre, ofte forgreina med flere hoder. På stammer og kvister av løvtrær, særlig gråor. Vanlig.

Phaeocalicium populneum **Liten ospenål** × 25

Tallus mangler. Fruktlegemer svarte og glinsende, opptil 0,7 mm høye, med bredt linseforma hoder. Sporer brune og 1-septerte. På kvister av osp høyt i krona, sees på vindfelte trær og greiner. Spredt i det meste av landet. **Stor ospenål** *P. praecedens* er noe større og har usepterte sporer. Kjent fra Østlandet og Trøndelag.

Sphinctrina turbinata **Pokalnål** × 25

Tallus mangler. Fruktlegemer svært små, svarte til mørkt brune, sittende eller svært kortstilka, opptil 0,3 mm. Hodene er glinsende, svarte, runde til krukkeforma. På tallus av **putevortelav** *Pertusaria pertusa* på gamle eiketrær. Sjelden art som bare er kjent fra noen få lokaliteter i Vestfold og Telemark. Rødlisteart (EN – sterkt trua).

Microcalicium ahlneri **Rotnål** × 25

Tallus mangler. Fruktlegemer variable, opptil 0,7 mm, med smalt kjegleforma hoder. Stilk svart med grynaktig overflate. Sporepulver grønt. Sporer 1-septerte. På svært morken ved som er angrepet av brunråtesopper. Vanligst på furuved, men kan også forekomme på granved. Utbredt i store deler av landet nord til Troms, men sjelden eller mangler på Sør- og Vestlandet og langs kysten i nord. Rødlisteart (NT – nær trua). **Krukkenål** *M. disseminatum* har sittende fruktlegemer og flersepterte sporer. Mest på granstammer i gammel skog.

Microcalicium arenarium **Steinnål** × 10

Tallus mangler. Fruktlegemer opptil 1,5 mm, med runde hoder. Stilk svart til gråaktig, ofte med grynete overflate. Sporepulver grønt. På grønnalgekolonier eller på tallus av **lyslav** *Psilolechia lucida* under overhengende rotvelter, stubber og bergvegger. Utbredt fra Telemark til Saltdal i Nordland. Sjelden på Vestlandet.

Skorpelav

Acarospora glaucocarpa **Doggsprekklav** × 7

Tallus består av små, konvekse, lysebrune til olivenbrune areoler med lys kant. Fruktlegemer som regel tallrike, opptil 2 mm breie, rødbrune og ofte dekket av et hvitt til blåhvitt belegg, særlig langs kanten. Fruktlegemene tar etter hvert nesten hele plassen på areolene. På kalkstein og andre baserike bergarter, sjelden også på betongmurer. Utbredt i kalkområder i hele landet.

Acarospora sinopica **Rustsprekklav** × 6

Tallus skorpeforma, rustrødt, oppsprukket i areoler. Areolene langs kanten ofte noe større og nesten lobeforma. Fruktlegemer som regel tallrike, opptil 0,5 mm breie, innsenka i areolene, uten tydelig talluskant. På bergarter med høyt innhold av jernholdige mineraler. Ofte sammen med andre rustfarga skorpelaver. Utbredt i store deler av landet fra Agder til Troms.

Glypholecia scabra **Kalkskjold** × 5

Tallus bladforma med sentralt festepunkt, opptil 2 cm i diameter, ofte i kolonier. Oversida dekket av et tykt, blåhvitt, rimaktig belegg. Fruktlegemer tallrike, brune. På kalkrik stein. Kjent fra Dovre, Vågå, og Folldal i Oppland, Oppdal i Sør-Trøndelag og Alta og Hasvik i Finnmark. Sjelden. Rødlisteart (EN – sterkt trua).

Pleopsidium chlorophanum **Puteklorlav** × 6

Tallus skorpeforma, tykt og rosettaktig, til dels med folder og antydning til kantlober, gult. Fruktlegemer gule, skiveforma, flate til konvekse, opptil 1,5 mm breie. På klipper og overhengende berg. Utbredt i fjellet fra Hordaland til Finnmark.

Alyxoria ochrocheila **Appelsinstrek** × 15

Tallus gråhvitt, tynt, og mer eller mindre innsenka i substratet. Fruktlegemer avlange, smale, opptil 2 mm lange, av og til litt forgreina, brunsvarte, som regel med appelsinfarga belegg langs kantene. På litt beskytta høgstubber og stammer av eldre løvtrær, mer sjelden på ved innunder overheng. Utbredt langs kysten fra Agder til Trøndelag. Rødlisteart (VU – sårbar).

Alyxoria varia **Bleik skriblelav** × 10

Tallus som regel gråhvitt, sjelden rødbrunt. Fruktlegemer smale, opptil 2 mm lange, svarte, men ofte dekket av et gulgrønt belegg. Sporer (3–)5–6-septerte, og rette. På stammer av løvtrær, oftest alm, ask og osp. Utbredt i dalstrøk på Østlandet samt i kyst- og fjordstrøk fra Østfold til Trøndelag, med utpostforekomster i Saltdal i Nordland og Storfjord i Troms.

Arthonia ilicina **Tornflekklav** × 10

Tallus mer eller mindre innsenka i substratet, gråhvitt til kremfarga, og ofte avgrensa av en brunsvart stripe. Fruktlegemer uregelmessige, av og til langsmale, mørkt rødbrune til svarte, opptil 0,5 mm lange. Sporer brune, 5–6-septerte. På løvtrær med glatt bark, særlig hassel og rogn, i regnskogsmiljø. Utbredt på Vestlandet fra Rogaland til Svanøy i Sogn og Fjordane. **Fureflekklav** *A. lirellans* og **ringflekklav** *A. orbillifera* ligner og vokser i samme type habitat, men begge har murforma sporer. Alle er rødlistearter (VU – sårbar).

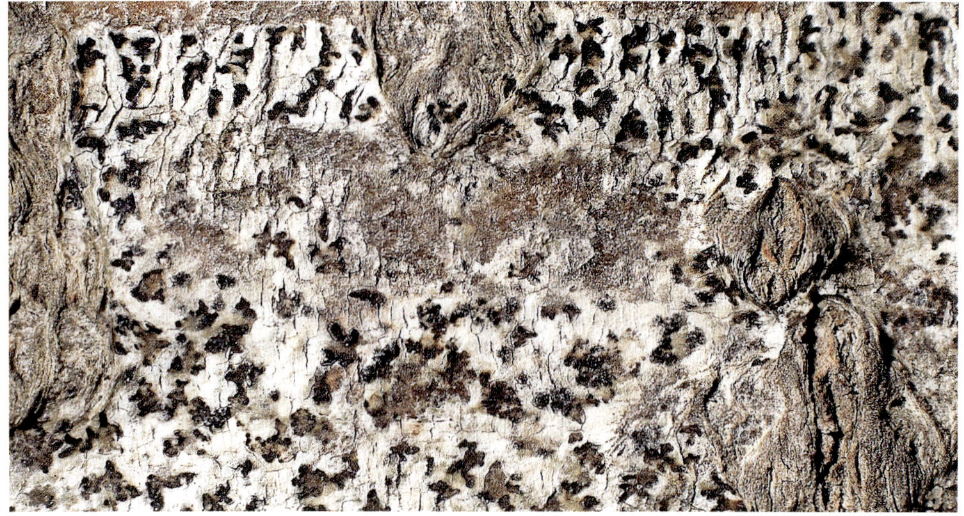

Arthonia radiata **Stråleflekklav** × 8

Tallus gråaktig til gulhvitt eller olivenfarga, tynt og glatt. Fruktlegemer tallrike, avrunda, uregelmessige, forgreina, av og til nesten stjerneforma, opptil 1,5 mm i diameter. Sporer 3–septerte med avtagende cellestørrelse mot den ene enden. På løvtrær med glatt bark. Utbredt i kyst- og fjordstrøk fra Østfold til Finnmark, sjelden i innlandet. Flere nærstående arter, for eksempel **stjerneflekklav** *A. stellaris*, som har sporer med forstørra endecelle.

Arthonia ruana **Jaguarflekklav** × 6

Tallus olivengrønt til brunaktig, sjelden gråhvitt. Fruktlegemer tallrike, opptil 2 mm breie, svarte, uregelmessig avrunda, innsenka. Sporer murforma, først fargeløse og glatte, seinere brune med vortete overflate. På løvtrær med glatt bark. Utbredt i kyststrøk fra Østfold til Steinkjer i Nord-Trøndelag. **Trønderflekklav** *Arthothelium norvegicum* ligner, men har mindre fruktlegemer, større sporer og vokser på rogn i boreal regnskog i Trøndelag. Rødlisteart (EN – sterkt trua).

Arthonia vinosa **Vinflekklav** × 10

Tallus kornete, gråhvitt til olivengrønt med guloransje flekker som reager K+ vinrødt. Fruktlegemer tallrike, runde, opptil 1 mm breie, svakt konvekse med finkorna overflate, rødbrune til brunsvarte. På basis av eldre løvtrær og gran i urterike skoger. Utbredt i dalstrøk på Østlandet og i kyst- og fjordstrøk fra Østfold til Troms.

Bactrospora brodoi **Taigabendellav** × 3

Tallus gråhvitt til grønnaktig, tynt og kornete. Fruktlegemer svarte, runde og konvekse, opptil 0,7 mm breie. Sporer nålforma, mangesepterte, deler seg ikke opp i sporesekkene. Pyknidier karakteristiske, svarte, med uregelmessig åpning som blottlegger den bleike konidiemassen. På tørre kvister under beskyttende greinverk på skjørtegraner i sumpskoger, mer sjelden på stammer av bjørk og selje. Utbredt i indre deler av Midt-Norge fra Tydal i Trøndelag til Hemnes i Nordland. Rødlisteart (EN – sterkt trua). **Granbendellav** *B. corticola* har gårrosa tallus, mindre fruktlegemer, annerledes pyknidier, og de mangesepterte sporene deler seg opp inni sporesekkene. Kjent fra Midt-Norge. Rødlisteart (VU – sårbar).

Chrysothrix chlorina **Klippepulverlav** × 2

Tallus karakteristisk, sitrongult, leprøst, fluorescerer ikke under UV-lys. Danner ofte konvekse puter på mer eller mindre overhengende bergvegger. Kan dekke store flater. Fruktlegemer ikke observert i Norge. Utbredt i hele landet. Kan forveksles med **lyslav** *Psilolechia lucida*, som er mye tynnere, ofte fertil og reagerer UV+ oransje, se side 251.

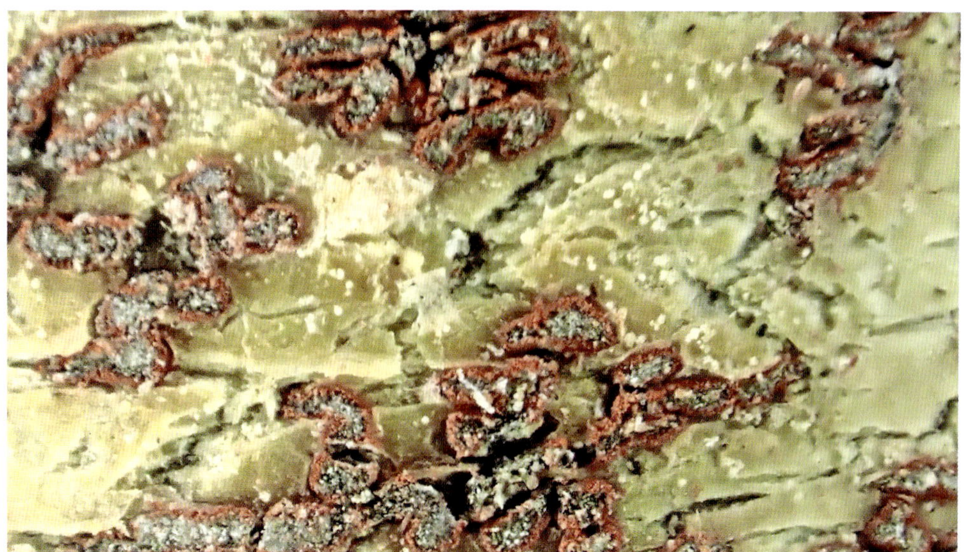

Coniocarpon fallax **Praktflekklav** × 20

Tallus innsenka i substratet eller tynt, gråhvitt eller bleikt oker til rødbrunt. Fruktlegemer avlange, opptil 1 mm lange, tilspissa, ofte mer eller mindre forgreina til stjerneforma, gråbrune til mørkt rødbrune, med rødt belegg langs kantene. På løvtrær med glatt bark, særlig hassel, i regnskogsmiljø. Utbredt langs kysten fra Agder til Møre og Romsdal. **Rødflekklav** *C. cinnabarinum* har større sporer og avrunda fruktlegemer, mens **tannflekklav** *C. cuspidans* har mørkere fruktlegemer uten rødt belegg. Alle er rødlistearter (VU – sårbar).

Enterographa zonata **Beltelav** × 10

Tallus skorpeforma, i mosaikklignende kolonier, gråbrunt til sjokoladebrunt, med markert brunsvart kantsone, omtrent som hos randlavene *Fuscidea*. Soral tallrike, punktforma, gråhvite til bleiklilla, eller brunaktige, opptil 0,5 mm i diameter. Fruktlegemer sjeldne, små og uanselige, svarte. På overhengende, skyggefulle bergvegger, sjelden på bark (særlig røtter) under eller nær overheng. Utbredt i kyst- og fjordstrøk fra Akershus til Finnmark.

Felipes leucopellaeus **Kattefotlav** × 10

Tallus gråhvitt til kremfarga, eller grårosa. Fruktlegemer tallrike, uregelmessige, grå til gråbrune, fløyelsaktige, kan minne om sålen på en kattefot. Oftest på gran, som regel sammen med gammelgranlav *Lecanactis abietina*, og på løvtrær med fattig bark. Mest i kyst- og fjordstrøk fra Østfold til Brønnøy i Nordland. Sjelden i innlandet.

Lecanactis abietina **Gammelgranlav** × 8

Tallus skorpeforma, gråhvitt til grågrønt. Pyknidier tallrike, gulhvite, vorteaktige, med rimaktig belegg som reagerer C+ rødt. Fruktlegemer opptil 2 mm breie, med svart skive som nesten alltid er dekket av et kornete, grågult belegg. Oftest på stammer av gamle grantrær med grov bark i fuktige skoger, mer sjelden på bjørk, død ved og på overhengende bergvegger. Mest i kyst- og fjordstrøk fra Østfold til Andøy i Nordland. Sjelden i sumpskoger i innlandet.

Opegrapha vermicellifera **Prikkskriblelav** × 5

Tallus skorpeforma, tynt, gråhvitt. Fruktlegemer ofte fåtallige, svarte, opphøyde, opptil 2 mm lange, ofte noe forgreina. Pyknidier vanligvis tallrike, kuleforma, dekket av et hvitt belegg som i motsetning til hos gammelgranlav er C–. På stammer av løvtrær med rik bark, særlig alm. Utbredt langs kysten fra Rogaland til Møre og Romsdal. Rødlisteart (VU – sårbar).

Pseudoschismatomma rufescens **Brun skriblelav** × 12

Tallus skorpeforma, rødbrunt til gråbrunt, forholdsvis tynt. Fruktlegemer tallrike, avlange, ellipseforma til avrunda, av og til svakt forgreina, innsenka eller tiltrykte, svarte, opptil 1 mm lange. En hvit sone av kalsiumoksalat-krystaller dannes ofte rundt fruktlegemene. Sporer 3-septerte, ofte noe bøyde. På stammer av løvtrær. Utbredt i lavlandet på Østlandet og i kyst- og fjordstrøk til Snåsa i Nord-Trøndelag.

Schismatomma pericleum **Rosa tusselav** × 10

Tallus gråhvitt til hvitrosa, tynt og noe filtaktig. Fruktlegemene opptil 1 mm breie, med svart skive og tynt rimaktig belegg, som unge med velutvikla, hvit talluskant. Soral kan forekomme, særlig omkring fruktlegemene. Oftest på stammer av gran og selje i eldre, urterike skoger, mer sjelden på eik og einer. Spredt fra Telemark til Hattfjelldal i Nordland. Mangler på Sør- og Vestlandet. Rødlisteart (VU – sårbar).

Baeomyces rufus **Brunkøllelav** × 4

Tallus skorpeforma, gulgrønt til grågrønt, bestående av tettsittende skjell eller korn, av og til med soredier, K– eller K+ gulaktig. Fruktlegemer karakteristiske, brune, konvekse, opptil 4 mm breie, i toppen av en lys, furet stilk. Oftest på mineraljord og stein. Vanlig pionerart i vegskjæringer. Utbredt i hele landet. **Fjellkøllelav** *B. carneus* ligner, men fruktlegemene er lysere og tallus reagerer K+ rødt.

Baeomyces placophyllus **Stor køllelav** × 2

Stor køllelav skiller seg fra brunkøllelav ved at tallus ofte er større og noe mørkere, og ved at kanten er tydelig lobeforma. Fruktlegemene er som regel større. På samme type voksesteder. Spredt i det meste av landet.

Placopsis gelida **Matt knøllav** × 4

Tallus skorpeforma, forholdsvis tykt, opptil 5 cm i diameter, med tydelige kantlober, grått til gulhvitt, eller bleikt brunrosa. Soral spredt mot midten av tallus. Cefalodier vanlige, rødbrune, vorteaktige og ujevne. På berg og blokker i fuktig miljø. Utbredt fra Rogaland til Finnmark, men mangler på Sør- og Østlandet. Kan forveksles med **blank knøllav** *P. lambii*, som har et skinnende tallus med soral i konsentriske ringer.

Placynthiella icmalea **Koralltorvlav** × 10

Tallus skorpeforma, grønnlig, av og til med rødbrunt anstrøk, alltid med tallrike stiftforma til greina isidier. Fruktlegemer rødbrune, skiveforma, opptil 1 mm breie. Sporer enkle, fargeløse, bredt ellipseforma, med oljedråper. På død ved og planterester, ofte på rotvelter. Mest i kyst- og fjordstrøk fra Østfold til Nordkapp. Sjelden i innlandet.

Trapelia coarctata **Stjernetrapplav** × 10

Tallus skorpeforma, tynt, gråhvitt til grågrønt. Fruktlegemer tallrike, skiveforma, rødbrune, opptil 1 mm i diameter. Unge fruktlegemer dekket av et hvitaktig tallussjikt som sprekker opp og danner en karakteristisk flikete talluskant som seinere forsvinner. På sure berg, klipper og blokker, ofte langs vassdrag. Utbredt i hele landet.

Trapeliopsis flexuosa **Vedbråtelav** × 3

Tallus av konvekse små areoler eller gryn som sitter tett sammen, grågrønt til blågrått. Areolene sprekker opp i blågrå, C+ røde soral som etter hvert flyter sammen. Fruktlegemer opptil 0,7 mm breie, grønnsvarte. Oftest på død ved av bartrær, særlig furu, men også på andre treslag med sur bark. Utbredt i hele landet. Kan være vanskelig å skille fra jordbråtelav, se neste side.

Trapeliopsis granulosa **Jordbråtelav** × 10

Tallus skorpeforma, som regel ujevnt og ruglete, gråhvitt til blågrått, med forholdsvis store, konvekse, hvite til kremfarga, C+ røde soral. Fruktlegemer oftest tallrike, skiveforma, opptil 1 mm breie, svært variable i farge, selv på samme tallus, fra rosa til rødbrune eller grågrønne til grønnsvarte. På humusrik jord, planterester og død ved. Utbredt i hele landet.

Trapeliopsis pseudogranulosa **Flekkbråtelav** × 2

Tallus skorpeforma, sammenhengende, med kornete overflate, gråhvitt til grønnaktig. Soral spredte, konvekse med fine soredier. Både soral og tallus for øvrig danner etter hvert guloransje til røde flekker som reagerer K+ purpur. På humusrik jord, stubber og rotvelter i fuktig skogsmiljø. Utbredt i kyst- og fjordstrøk fra Østfold til Troms. Sjelden i innlandet.

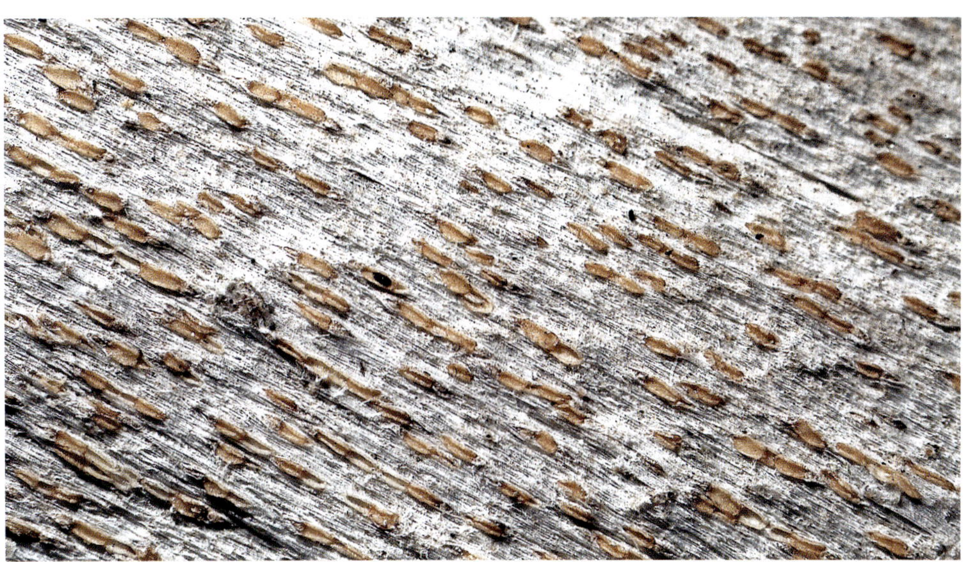

Xylographa trunciseda **Lys vedskriftlav** × 12

Tallus svært tynt og for det meste innsenka i underlaget, gråhvitt. Fruktlegemer tallrike, delvis nedsenka, lysebrune til gulbrune, spolforma til avrunda, opptil 0,1 mm lange. På død ved, oftest av bartrær. Spredt fra Oslo til Senja i Troms. Kan forveksles med den langt vanligere **mørk vedskriftlav** *X. parallela*, som har mørkebrune fruktlegemer og andre kjemiske karakterer.

Xylographa soralifera **Grønn vedskriftlav** × 10

Tallus tynt, gråhvitt og delvis innleira i substratet, eller som mer eller mindre tydelige, tettsittende areoler. Soral oftest grønnaktig, men av og til gråaktig eller brunaktig. Fruktlegemer lysebrune, ofte i grupper. På død ved av bartrær. Spredt i Sør-Norge. Vanligere fra Trøndelag til Finnmark. **Grå vedskriftlav** *X. vitiligo* ligner, men har som regel gråaktige soral og andre lavsyrer.

Buellia asterella **Stjernebønnelav** × 10

Tallus danner små hvite og matte, uregelmessige og delvis flikete rosetter med høyt innhold av krystaller. Fruktlegemer svarte, opptil 0,8 mm breie, først delvis innsenka med en krage av tallusrester, etter hvert sittende uten talluskant. På tørr, baserik jord i åpne, beitepåvirka områder. Steppeart. Sjelden, bare kjent fra Vågå i Oppland. Rødlisteart (CR – kritisk trua).

Buellia disciformis **Bleik bønnelav** × 6

Tallus skorpeforma, sammenhengende, glatt, gråhvitt UV–. Fruktlegemer tallrike, svarte, skiveforma, opptil 1,5 mm i diameter. Sporer brune, bønneforma, 1-septerte. På løvtrær med glatt bark. Utbredt i hele landet. Flere nærstående arter. Vokser ofte sammen med **kystsmaragdlav** *Lecidella elaeochroma* (nederst i bildet), som har tallus med gulaktig anstrøk (C+ svakt oransjerødt, UV+ oransje), fruktlegemer med blågrønt pigment og fargeløse, usepterte sporer. Se også side 237.

Buellia griseovirens **Kornbønnelav** × 10

Tallus skorpeforma, sammenhengende, men ofte ruglete, gråhvitt eller grågrønt, av og til noe brunaktig. Soral tallrike, kraterforma til flate og konvekse, ofte gule, men som regel med blågrå, K+ røde soredier ytterst. Fruktlegemer svarte, skiveforma, ikke sjeldne. Sporer bønneforma, brune, 3-septerte til svakt murforma. Oftest på løvtrær med glatt bark. Utbredt i kyst og fjordstrøk nord til Troms. Sjelden i innlandet. Sterile eksemplarer kan bare bestemmes sikkert ved hjelp av kjemiske metoder.

Dimelaena oreina **Sollav** × 3

Tallus danner tett tiltrykte rosetter som er oppdelt i areoler og har tydelig avsatte kantlober, bleikt gulgrønt til gulhvitt. Fruktlegemer svarte, opptil 1 mm breie, som regel innsenka i areolene, med eller uten talluskant. På blokker og bergframspring i fjellet. Bisentrisk utbredelse, i sør fra Ullensvang og Vinje til Oppdal, i nord fra Målselv til Alta og Kautokeino.

Rinodina balanina **Polarringlav** × 2

Tallus skorpeforma, rosettdannende, med smale, radierende kantlober, lyst brunt til mørkebrunt, ruglete og med isidier mot sentrum. Fruktlegemer svært sjeldne. Hovedsakelig på eksponerte strandberg som er gjødslet av fugler. Nordlig art, utbredt i Finnmark og Troms sørover til Røst i Nordland.

Rinodina cinereovirens **Olivenringlav** × 8

Tallus skorpeforma, forholdsvis tynt, oftest noe ruglete og ujevnt, gråhvitt eller grønnaktig. Fruktlegemer vanlige, opptil 1 mm breie, med svart skive og velutvikla, lys talluskant. På løvtrær, oftest rogn og selje, og på einer. Utbredt hovedsakelig i indre deler av landet fra Telemark til Finnmark. Mangler på Sør- og Vestlandet og langs kysten videre nordover. Flere nærstående arter som kan være vanskelig å skille fra hverandre. **Torvringlav** *R. turfacea* er svært lik, men vokser på moser og torv.

Rinodina disjuncta **Trønderringlav** × 12

Tallus skorpeforma, tynt, grågrønt til grønt, ofte noe brunaktig. Overflata med grove, grynaktige soredier som reagerer UV+ blåhvitt. Fruktlegemer sjeldne, med svart skive og lys talluskant, opptil 1,5 mm i diameter. På løvtrær med glatt bark, særlig gråor og rogn, i boreal regnskog. Langs kysten fra Åfjord i Sør-Trøndelag til Hemnes i Nordland. Sjelden. Rødlisteart (EN – sterkt trua).

Rinodina isidioides **Stiftringlav** × 8

Tallus består mest av grupper av isidier eller små, tiltrykte skjell med isidier langs kantene, gråhvitt. Isidier opptil 0,4 mm lange og 0,1 mm tykke, skjøre, ofte med brune spisser. Fruktlegemer ikke kjent i norsk materiale. På stammer av løvtrær med rik bark, særlig ask i boreonemoral regnskog. Kjent fra Rogaland og Hordaland. Rødlisteart (CR – kritisk trua).

Rinodina mniaraea **Kanelringlav** × 3

Tallus skorpeforma, ganske tykt, oftest oppløst i grove gryn, bleikt gråbrunt til mørkt rødbrunt. Ofte forekommer et oransje pigment i margen som reagerer K+ purpur. Fruktlegemer delvis innsenka i tallus, opptil 1,5 mm breie, med mørkt rødbrun skive. Over moser og dødt organisk materiale og på humusrik jord. Mest i fjellet fra Telemark til Finnmark.

Rinodina roscida **Reinroseringlav** × 8

Tallus skorpeforma, tynt og forsvinnende eller finkorna, gråhvitt. Fruktlegemer tallrike, opptil 2 mm breie, med svart skive dekket av et rimaktig belegg. Over moser og planterester på kalkrike rabber, særlig i reinroseheier. Spredt i fjellet fra Ullensvang i Hardanger til Finnmark.

Candelaria pacifica **Småtunlav** × 7

Tallus bladforma til nesten skorpeforma, opptil 7 mm i diameter, som regel flere sammenflytende, gult, med smale, fint innskjærte lober som har grove soredier langs kantene, K–. Oftest på løvtrær med rik bark. Utbredt i Sør-Norge fra Østfold til Trøndelag. **Rosett-tunlav** *C. concolor* er normalt større og danner regelmessige rosetter. Sjelden, sørlig art. Tunlavene kan forveksles med små arter i messinglavfamilien, se side 306, men disse har oransje, K+ purpurrøde pigmenter.

Candelariella coralliza **Korallegglav** × 3

Tallus ganske tykt, gullgult, oppsprukket i areoler. Overflata har en karakteristisk, grovkornet til korallaktig struktur. Fruktlegemer sjeldne. Oftest på toppen av steinblokker og berg som er påvirka av fugleskitt. Utbredt i det meste av landet, men sjelden lengst nord. Kan forveksles med skorpeforma arter i messinglavfamilien, se side 306, men disse har oransje, K+ purpurrøde pigmenter.

Candelariella xanthostigma **Grynet egglav** × 10

Tallus skorpeforma, med gule gryn, enkeltvis eller i klumper. Fruktlegemer skiveforma, flate til svakt konvekse, gule. Sporer ellipseforma, usepterte. Oftest på løvtrær med rik bark. Utbredt i hele landet. Kan forveksles med skorpeforma arter i messinglavfamilien, se side 306, men disse har annen sporetype og oransje, K+ purpurrøde pigmenter.

Pycnora xanthococca **Furugaddlav** × 10

Tallus skorpeforma, gråhvitt til bleikt gulbrunt, oppsprukket i tydelige areoler. Tallus anløper rosa etter en tids lagring i herbariet. Fruktlegemer tallrike, opptil 0,8 mm breie, svarte, med delvis rynka skive og svakt bølga kant. Pyknidier vanlige, med runde konidier. På ved av furu. Utbredt i det meste av landet, men mangler langs kysten. **Laftelav** *P. praestabilis* er svært lik, men har ellipsoide konidier. Sjelden art som bare er kjent fra Østlandet. Rødlisteart (EN - sterkt trua).

Ionaspis lacustris **Okerbekkelav** × 10

Tallus skorpeforma, tynt og glatt, av og til noe oppsprukket, vanligvis okerfarga eller oransjebrunt, sjelden avbleika. Fruktlegemer innsenka i tallus, med konkav skive, oransjebrune til rustfarga. På sure bergarter i fuktsonen langs elver, bekker og innsjøer. Utbredt i store deler av landet.

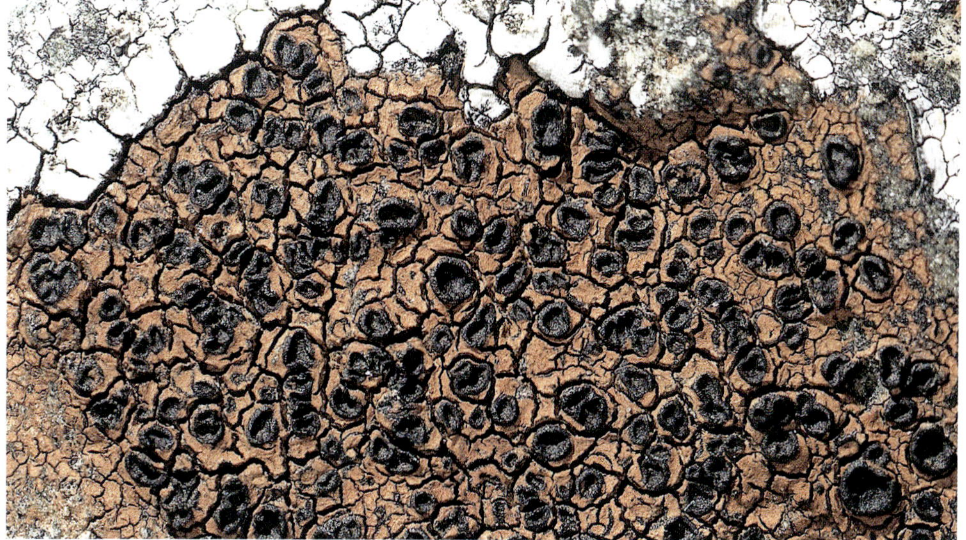

Tremolecia atrata **Mønjelav** × 10

Tallus rustrødt, oppsprukket, med svart randsone. Fruktlegemer innsenka i tallus, svarte og sterkt konkave med tykk kant, opptil 0,8 mm i diameter. Sporer fargeløse, encellete. På sure bergarter. Utbredt i hele landet. Kan forveksles med rustfarga blokklaver *Porpidia* og kartlaver *Rhizocarpon*, men de har annen type fruktlegemer, kartlavene også med annen type sporer.

Bacidia absistens **Rognelundlav** × 8

Tallus består av små, grågrønne til gråhvite gryn. Fruktlegemer blåsvarte, opptil 1 mm i diameter, med et rødfiolett, K+ irrgrønt pigment. Sporer nålforma, mangesepterte. Oftest på stammer av løvtrær i fuktige skoger, mer sjelden på grankvister. Utbredt i kyst- og fjordstrøk fra Østfold til Brønnøy i Nordland. Sjelden i kløftområder i innlandet. Rødlisteart (NT – nær trua).

Bacidia biatorina **Kastanjelundlav** × 10

Tallus skorpeforma, oppdelt i grynete til koralloide, isidie-lignende areoler, grønnaktig. Fruktlegemer mørkt kastanjebrune til brunsvarte, ofte med glinsende, ujevn, bølgete og litt lysere kant, opptil 1,5 mm i diameter. Ofte steril. På bark av gamle, mosegrodde løvtrær og på einer. Utbredt i kyststrøk fra Østfold til Agder. Spredt på Vestlandet til Nord-Trøndelag. Rødlisteart (NT – nær trua).

Bacidia rosella **Rosa lundlav** × 6

Tallus skorpeforma, oppdelt i vorteforma areoler eller mer eller mindre sammenhengende, lysegrått til grønnaktig. Fruktlegemer rosa til bleikt kjøttfarga, opptil 1,5 mm breie, med tykk, lysere kant. På stammer av bøk i eldre skog. Sjelden, bare kjent fra Telemark og Vestfold. Rødlisteart (CR – kritisk trua).

Bacidia rubella **Almelundlav** × 8

Tallus skorpeforma, av grove, svakt koralloide, grønne gryn. Fruktlegemer bleikrøde, først skålforma med markert kant, seinere flate til konvekse, opptil 2 mm i diameter. Sporer nålforma, mangesepterte. Oftest på løvtrær med rik bark, gjerne alm. Spredt i dalstrøk på Østlandet. Vanligere i kyst og fjordstrøk fra Østfold til Finnmark, men sjelden nord for Trøndelag.

Bacidina modesta **Krattlundlav** × 10

Tallus skorpeforma, finkorna, grågrønt til stråfarga. Fruktlegemer opptil 1 mm i diameter, gråbrune til mørkt rødbrune, først konkave seinere flate, ofte med lysere kant. Sporer nålforma, 1–3-septerte. Konidier nålforma, med karakteristiske krokforma vedheng. På stammer av løvtrær og på kvister av gran i fuktig skog. Spredt i kyst- og fjordstrøk fra Oslo-området til Trøndelag. **Dverglundlav** *B. arnoldiana* er svært lik, men har annerledes konidier og vokser på stein.

Bellicidia incompta **Hjortelundlav** × 12

Tallus skorpeforma, oppdelt i grynaktige eller vorteforma areoler, grågrønt til mørkegrønt. Fruktlegemer mørkt rødbrune til svarte, opptil 1 mm breie, med flat til konveks skive. Sporer for det meste 3-septerte. Vokser på stammer av rike løvtrær, særlig gamle almetrær. Sjelden, kjent fra Telemark og indre fjordstrøk på Vestlandet nord til Eikesdalen på Nord-Møre. Rødlisteart (EN – sterkt trua).

Biatora chrysanthoides **Narreknopplav** × 15

Tallus skorpeforma, tynt, med gulgrønne til grågrønne soral som ofte flyter sammen. Fruktlegemer opptil 0,4 mm breie, gulbrune til mørkt brune. Soredier og fruktlegemer C+ røde. På bark av løvtrær, særlig bjørk og rogn, men også på gran, ofte i fjellnær skog. Spredt i store deler av landet fra Agder til Finnmark. **Gullknopplav** *B. chrysantha* er svært lik, men fruktlegemene er C–.

Biatora efflorescens **Bleik knopplav** × 8

Tallus skorpeforma, grågrønt til grønt (blir strågult i herbariet). Soral tallrike, flate til svakt konvekse, gulgrønne, PD+ røde (argopsin). Fruktlegemer skiveforma, konvekse, som regel bleikt rødbrune til gulbrune. Sporer små, ellipseforma, fargeløse, oftest enkle. Oftest på basis av løvtrær med fattig bark, særlig gråor. Utbredt i hele landet. Sterilt materiale kan bare bestemmes sikkert ved hjelp av kjemiske metoder.

Biatora flavopunctata **Vierknopplav** × 10

Tallus skorpeforma, areolert, grågrønt til bleikgult. Areoler flate til konvekse og danner bleikt gule til gulgrønne, punktforma soral med fine soredier. Fruktlegemer vanlige, opptil 0,5 mm breie, lyst beige til bleikt okerfarga. Oftest på vier, men også på dvergbjørk og andre busker. Utbredt i fjellstrøk fra Agder til Finnmark.

Biatora hypophaea **Blåknopplav** × 10

Tallus skorpeforma, tynt, gråhvitt til grønnaktig, sammenhengende eller oppdelt i areoler. Fruktlegemer opptil 0,6 mm breie, blåsvarte, ofte sterkt konvekse, enkeltvis eller i grupper. Mest på løvtrær med glatt bark, særlig gråor og rogn, sjelden på andre treslag. Utbredt hovedsakelig i Trøndelag og søndre deler av Nordland. Sjelden på Østlandet og Vestlandet. Rødlisteart (NT – nær trua). **Øyeknopplav** *B. ocelliformis* ligner, men har noe større sporer og mangler brunt pigment i subhymeniet.

Biatora sphaeroidiza **Blyknopplav** × 5

Tallus skorpeforma, oppdelt i spredte eller tettsittende, vorteforma areoler, bleikt gulbrunt til grønnaktig. Fruktlegemer oftest bleikgrå til gråsvarte med varierende innslag av gulbrunt, opptil 0,7 mm breie. Tallus og fruktlegemer C+ oransje. På basis av løvtrær, og på lyng og grankvister i fuktig skog. Spredt på Østlandet, vanligere i Trøndelag, spredt nord til Troms.

Biatora toensbergii **Kystknopplav** × 7

Tallus skorpeforma, mer eller mindre oppsprukket i flate areoler, mer sjelden innsenka i substratet, gråhvitt til grønnaktig. Fruktlegemer tallrike, rødbrune til oransjebrune, opptil 1 mm breie. På løvtrær med glatt bark, særlig rogn og gråor, men også på lyng og grankvister i fuktig skog. Utbredt i kyst- og fjordstrøk fra Agder til Troms. Vanligst i Midt-Norge.

Biatora troendelagica **Trønderknopplav** × 10

Tallus skorpeforma, tynt, eller innsenka i substratet, gråhvitt til grønnaktig, med avgrensa grønnhvite soral som gjerne flyter sammen, UV+ blåhvitt. Fruktlegemer fåtallige, små, bleikt gulbrune, opptil 0,5 mm breie. På død ved av gran i fuktig skog. Kun kjent fra ett enkelt funn i Meldal i Sør-Trøndelag. Rødlisteart (CR – kritisk trua).

Biatora vernalis **Vårknopplav** × 10

Tallus skorpeforma, oftest noe ruglete eller grynete, sjelden glatt og noe glinsende, gråhvitt til grågrønt. Soral mangler. Fruktlegemer tallrike, skiveforma, flate til konvekse, gulbrune til rødbrune. Over moser på basis av løvtrær og på mosekledde steinblokker og berg. Utbredt i hele landet, men forholdsvis sjelden lengst sør. Knopplav-slekta er komplisert, og sikker bestemmelse krever i de fleste tilfeller både mikroskopi og kjemiske tester.

Biatoridium monasteriense **Klosterlav** × *10*

Tallus skorpeforma, ofte oppdelt i grove gryn eller areoler, gulgrønt til grågrønt. Fruktlegemer tallrike, oftest gulbrune, flate eller noe konvekse med lysere kant, opptil 0,6 mm i diameter. Sporer runde, ca. 3 µm, mer enn 100 per ascus. På stammer av gamle løvtrær med grov bark, oftest alm og ask. Sørlig art. Utbredt i lavlandet fra Oslo og Akershus til Nærøy i Nord-Trøndelag. Sjelden i innlandet. Rødlisteart (NT – nær trua).

Bryonora rhypariza **Stor rypelav** × 5

Tallus av små gryn og/eller skjellforma areoler, grått til gråbrunt, med overflate av fine vorter. Fruktlegemer brune til brunsvarte, opptil 2 mm breie, enkeltvis eller i grupper som etter hvert flyter sammen. Tallus K+ rødt (norstictinsyre). Som regel over moser, særlig sotmoser og knausmoser på rabber i fjellet. Spredt i fjellområder fra Hardangervidda til Troms.

Byssoloma marginatum **Grankranslav** × 20

Tallus variabelt, finkorna til grynete, grågrønt til gråhvitt, eller mer eller mindre innsenka i substratet. Fruktlegemer skiveforma, opptil 0,7 mm breie, svarte til blåsvarte, med lysere kant. Pyknidier vanlige, sittende, tønneforma, med pæreforma konidier. På tynne grankvister i fuktig skog. Kjent fra boreal regnskog i Nord-Trøndelag og Brønnøy i Nordland. Rødlisteart (VU – sårbar).

Calvitimela melaleuca **Rutesnaulav** × 5

Tallus skorpeforma, ruteaktig oppdelt i flate til svakt konkave, gulhvite til bleikt gulbrune areoler på et svart hypotallus. Fruktlegemer mellom tallusareolene, skiveforma, glinsende svarte, opptil 2 mm breie. På blokker og bergframspring, helst på sure bergarter. Utbredt i fjelltrakter fra Hardangervidda til Finnmark.

Calvitimela armeniaca **Okersnaulav** × 1

Okersnaulav ligner rutesnaulav, men kan skilles fra denne på at areolene er mattere, med en mer grågrønn tone og ofte svakt konvekse. Tallus får dessuten etter en viss tids lagring i herbariet en skittenrosa farge som skyldes innhold av alectorialsyre. Oftest på loddrette bergvegger og blokker i fjellet. Omtrent samme utbredelse som rutesnaulav, men mindre vanlig.

Carbonicola myrmecina **Mørk brannstubbelav** × 5

Tallus består av utstående, svakt konvekse skjell med kastanjebrun til gråbrun og ganske blank overflate og bølgete kant. Soral leppeforma, grå, langs kanten av skjellene. Negativ reaksjon med PD. Fruktlegemer sjeldne, mørkt brune. Oftest på brent furuved, sjelden på bark. Utbredt på Østlandet, sjelden i Trøndelag og Finnmark. **Lys brannstubbelav** *C. anthracophila* har lysebrune skjell med hvit kant og reagerer PD+ rødt. Begge er rødlistearter (VU – sårbar).

Catillaria erysiboides **Stubbeknopplav** × 10

Tallus skorpeforma, grågrønt til gråhvitt, oftest utydelig. Fruktlegemer vanlige, opptil 0,5 mm breie, bleikgule eller gulbrune til rødgule. Sporer 1-septerte med avrunda ender. På ved, gjerne på snittflata av stubber der den kan dekke hele flata, sjelden på bark. Spredt gjennom hele landet fra Agder til Finnmark.

Cliostomum griffithii **Brun dråpelav** × 10

Tallus skorpeforma, som regel noe vortete, gråhvitt. Fruktlegemer skiveforma, flate, grårosa eller gråbrune til brunsvarte, ofte med fint rimaktig belegg. Pyknidier vanlige, nedsenka i tallus, synlige som svarte prikker mellom fruktlegemene. På fattigbarkstrær, oftest bjørk og gran. Utbredt i kyst- og fjordstrøk fra Østfold til Troms.

Cliostomum leprosum **Meldråpelav** × 10

Tallus gråhvitt, med sammenflytende soral og grove soredier. Fruktlegemer ganske sjeldne, bleikgule med lysere kant. Pyknidier svarte, iøynefallende (øverste venstre hjørne). Oftest på grov bark av gran i eldre naturskog. Spredt på Østlandet og Nord-Vestlandet, vanligere fra Trøndelag til Hemnes i Nordland. Rødlisteart (VU – sårbar).

Cliostomum piceicola **Grandråpelav** × 10

Tallus skorpeforma, oppdelt i grynaktige, gråhvite til grønnaktige areoler. Fruktlegemer sparsomme til tallrike, med gul, flat skive og noe opphøyd kant. Pyknidier vanlige, svarte. Mest på døde greiner av saktevoksende grantrær. Utbredt i Midt-Norge nord til Hattfjelldal. **Eikedråpelav** *C. corrugatum* ligner, men har et mer velutvikla tallus, andre lavsyrer og vokser på gammel eik lengst sør i landet. Begge er rødlistearter (EN – sterkt trua).

Frutidella caesioatra **Sotmoselav** × 5

Tallus av tallrike små, avrunda, gråhvite til brunaktige, barkkledde gryn som sitter tett sammen. Fruktlegemer tallrike, konvekse, opptil 1 mm i diameter, svarte med blågrått belegg (lettest å se på fuktig materiale). På moser, særlig sotmoser og knausmoser, på sure berg og blokker. Utbredt i hele landet, særlig i fjellnære områder.

Haematomma ochroleucum **Blodøyelav** × 8

Tallus skorpeforma, sorediøst, grågrønt til gråhvitt eller svakt gulaktig. Fruktlegemer skiveforma, flate, blodrøde, med hvit kant. Kan dekke store flater på skyggefulle, overhengende bergvegger, sjelden på løvtrær. Utbredt i kyst- og fjordstrøk fra Østfold til Hadsel i Nordland. Fertilt materiale er lett å identifisere, men arten er ofte steril.

Hertelidea botryosa **Druelav** × 8

Tallus av vorteaktige, grågrønne til brunaktige gryn som sitter spredt eller gruppevis og danner gråhvite soral som ofte flyter sammen. Reagerer UV+ blåhvitt. Fruktlegemer skiveforma, mørkebrune til svarte, med tynn, litt lysere kant, som regel i grupper, opptil 0,5 mm i diameter. Oftest på død ved, gjerne brent ved av furu. Utbredt i innlandet fra Telemark til Finnmark. Rødlisteart (NT – nær trua).

Lecania aipospila **Strandlekania** × 5

Tallus skorpeforma, rosettaktig, med markert vortete overflate og antydning til kantlober, gråhvitt til gråbrunt, ofte med svakt blålilla tone. Fruktlegemer rødbrune, opptil 1 mm breie, med tynn kant som forsvinner etter hvert. På strandberg, mer sjelden på blokker i kysthei. Utbredt langs kysten fra Rogaland til Finnmark.

Lecania cyrtella **Hagelekania** × 8

Tallus svært tynt og glatt, av og til noe grynete, gråhvitt, men kan være innsenka i substratet. Fruktlegemer vanlige, opptil 0,5 mm breie, gulbrune til rødbrune med tynn, litt lysere kant. På løvtrær med glatt og rik bark, ofte i hager og parker. Sporer 1-septerte. Opptrer gjerne sammen med arter i messinglavfamilien og rosettlavfamilien. Utbredt i store deler av landet.

Lecanora albella **Bleikkantlav** × 4

Tallus skorpeforma, tynt og glatt eller svakt grynete, matt, gråhvitt. Fruktlegemer spredte eller i grupper, skiveforma, opptil 1,5 mm breie, med rosa til brunrosa skive som oftest er dekket av et hvitt belegg. Unge fruktlegemer med tydelig talluskant som etter hvert forsvinner. På løvtrær med glatt bark, i sør ofte bøk og lønn, lenger nord ofte gråor. Utbredt i kyst- og fjordstrøk fra Oslofjord-området til Sør-Trøndelag. Rødlisteart (NT – nær trua).

Lecanora allophana **Ospekantlav** × 6

Tallus skorpeforma, oftest noe ruglete, gråhvitt. Fruktlegemer tallrike, skiveforma, opptil 3 mm i diameter, mørkt rødbrune og glinsende, med en velutvikla, innbøyd og noe bølget hvit kant. På løvtrær med rik bark, særlig osp. Utbredt i hele landet.

Lecanora argentata **Sølvkantlav** × 5

Tallus skorpeforma, som regel tynt og glatt, av og til ruglete mot sentrum, gråhvitt til grønnaktig. Fruktlegemer tallrike, skiveforma, opptil 1 mm breie, med rødbrun, blank skive og ganske tykk og regelmessig talluskant. På løvtrær med glatt bark. Utbredt i kyst- og fjordstrøk fra Østfold til Troms, men sjelden lengst nord. Tilhører en vanskelig artsgruppe med flere nærstående arter.

Lecanora carpinea **Rimkantlav** ×6

Tallus gråhvitt, tynt, alltid dekket av tallrike, tettstående, små, bleikbrune til grågule fruktlegemer med velutvikla rimaktig belegg (C+ gult) og forholdsvis tynn, hvit kant. På løvtrær og busker med rik bark. Utbredt i hele landet.

Lecanora chlarotera **Vortekantlav** × 10

Tallus gråhvitt til gulgrått, glatt eller noe ruglete. Fruktlegemer tallrike, sjelden mer enn 1 mm i diameter, svært variable i farge fra bleikt gulbrun til mørkebrun og med en som regel tydelig vortete, gråhvit kant. Oftest på løvtrær med rik bark. Utbredt i hele landet, men sjelden i innlandet. Kantlav er ei vanskelig slekt der sikker artsbestemmelse ofte krever både mikroskopi og kjemiske tester.

Lecanora cinereofusca **Kystkantlav** × 10

Kystkantlav kan forveksles med vortekantlav, men kjennes på at tallus er noe mørkere, ved at fruktlegemene er halvt nedsenka i tallus, at den reagerer PD+ guloransje og ved at den hvite, ruglete kanten etter hvert nesten forsvinner inn under skiva. På løvtrær med glatt bark, særlig gråor og rogn, i fuktig skog. Utbredt langs kysten fra Hordaland til Brønnøy i Nordland. Sjelden. Rødlisteart (EN – sterkt trua).

Lecanora circumborealis **Bjørkekantlav** × 10

Bjørkekantlav kan forveksles med vortekantlav, men har vanligvis et tynt, glatt tallus. Fruktlegemene er større, mørkt brune til nesten svarte med jevn, hel og forholdsvis tynn, hvit kant. På løvtrær og bartrær, ofte på bjørk i fjellnær skog. Utbredt i hele landet, men sjelden på Sør- og Vestlandet. Flere nærstående arter.

Lecanora conizaeoides **Bykantlav** × 10

Tallus variabelt, skorpeforma, som regel kornete og flekkvis sorediøst, grågrønt til grønt. Fruktlegemer opptil 1,5 mm breie, blågrå til grågrønne eller bleikt brunrosa med talluskant som kan være sorediøs. Ofte steril. På løvtrær, sjelden på ved, gjerne i parker i byområder. Tåler luftforurensning. Utbredt i lavlandet på Østlandet og langs kysten til Bergen, med en isolert forekomst i Trondheim.

Lecanora epibryon **Mosekantlav** × 7

Tallus skorpeforma, oppdelt i spredte, vorteaktige areoler, gråhvitt. Soral med grove soredier kan forekomme. Fruktlegemer opptil 2 mm breie, glinsende rødbrune med regelmessig tykk og noe innbøyd talluskant som hos ospekantlav. Over moser i fjellet, helst på baserik grunn med reinrose, nordpå også i lavlandet. Utbredt fra Hardangervidda til Finnmark.

Lecanora farinaria **Melkantlav** × 6

Tallus gråhvitt til grønnaktig, eller bleikt brunrosa, ruglete og med soral som kan flyte sammen. Fruktlegemer sjeldne, med soredier langs kanten. På løvtrær, ofte gråor og rogn, i fuktig skog. Utbredt i kyst- og fjordstrøk fra Østfold til Sortland i Nordland, sjelden i innlandet.

Lecanora frustulosa **Knappkantlav** × 6

Tallus av gulhvite til bleikt gulgrønne knappforma areoler som sitter spredt eller tett sammen. Som regel med tydelig, svart protallus. Fruktlegemer delvis innsenka i areolene, opptil 1,5 mm breie, med brun til brunsvart skive og tykk talluskant. På sure til svakt baserike, harde bergarter i fjellet. Utbredt i fjellet fra Hardangervidda til Finnmark.

Lecanora fuscescens **Neverkantlav** × 3

Tallus skorpeforma, ganske tynt, av og til noe ruglete, gråhvitt. Fruktlegemer opptil 0,8 mm breie, svært varierende i farge med lyst gråaktig, gulbrun til mørkebrun eller nesten svart skive, men med lysere kant. Oftest på stammer av bjørk, men også på andre treslag, og på busker og død ved. Utbredt i fjellnær skog og lavalpin sone fra Telemark til Finnmark.

Lecanora intricata **Grønnskivekantlav** × 5

Tallus skorpeforma, som regel oppsprukket i areoler, grågrønt til gulgrønt. Fruktlegemer tallrike, flate, opptil 1 mm breie, delvis innsenka i areolene, med grågrønn, bleikt brun til olivenfarga eller nesten svart skive og tallusfarga kant. På sure berg, mer sjelden på hard ved. Utbredt i hele landet.

Lecanora intumescens **Orekantlav** × 8

Tallus skorpeforma, sammenhengende og glatt, gråhvitt til noe grønnaktig. Fruktlegemer tallrike, lyst til mørkt brune med et svakt rimaktig belegg, opptil 3 mm i diameter, med tykk, ofte bølgete, hvit kant. På løvtrær med glatt bark, ofte gråor. Utbredt i kyst- og fjordstrøk fra Østfold til Troms.

Lecanora leptacina **Sotmosekantlav** × 8

Tallus gulhvitt til bleikt gulgrønt, av små, spredte eller sammenflytende, mer eller mindre konvekse, skjellforma areoler. Fruktlegemer variable, med rødbrun, okergul eller grønnsvart skive med tynt rimaktig belegg og gulhvit talluskant. Oftest over sotmoser på kalkfattig grunn i fjellet. Utbredt fra Rogaland til Finnmark.

Lecanora mughicola **Furukantlav** × 10

Tallus tynt og ofte delvis skinnende blankt, gråhvitt til gulgrønt, eller delvis innsenka i substratet. Fruktlegemer tallrike, flate, opptil 1 mm breie, med matt rødbrun til blågrå eller nesten brunsvart skive, og med tydelig bølgete eller tannete, gulhvit talluskant. På død ved i eksponerte habitat, oftest på døde kvister på gamle furutrær. Spredt i det meste av landet.

Lecanora poliophaea **Halokantlav** × 5

Tallus skorpeforma, ganske tykt, blågrått til gråhvitt, oppsprukket i uregelmessige areoler. Oversida variabel, men ofte med korn og med papiller som kan bli koralloide. Fruktlegemer vanlige, opptil 1,2 mm breie, med brun til brunsvart, flat til svakt konveks skive og ruglete, gråhvit kant. På strandberg. Utbredt langs kysten fra Agder til Finnmark.

Lecanora polytropa **Bleikgul kantlav** × 8

Tallus som regel tynt, sammenhengende eller oppsprukket i areoler, gult til gulgrønt, sjelden brunaktig. Fruktlegemer tallrike, opptil 1,5 mm breie, bleikgule til gulgrønne, flate til konvekse med forsvinnende kant. Pionerart på sure bergarter, mer sjelden på død ved. Utbredt i hele landet, vanligst i fjellet.

Lecanora symmicta **Halmkantlav** × 10

Tallus variabelt, oftest forholdsvis tynt, noe oppsprukket, sjelden kornete, bleikt gulgrønt til halmfarga. Fruktlegemer gulhvite til gulgrønne med tynn, noe lysere kant, flate til svakt konvekse, opptil 1 mm i diameter. Oftest på løvtrær med glatt bark. Utbredt i hele landet.

Lecanora rupicola **Steingardskantlav** × 6

Tallus som regel tykt og ujevnt oppsprukket i flate eller svakt konvekse areoler, lyst grått, av og til med svakt brunaktig tone. Fruktlegemer opptil 2 mm breie, oftest innsenka mellom areolene, med rosa til lysebrun skive med rimaktig belegg og ujevn, vortete eller bølgete talluskant. På eksponerte, sure bergarter i fjellet, på strandberg og i kulturlandskap. Utbredt i hele landet. **Hulekantlav** *L. swartzii* ligner, men har andre lavsyrer og vokser oftest på vertikale berg.

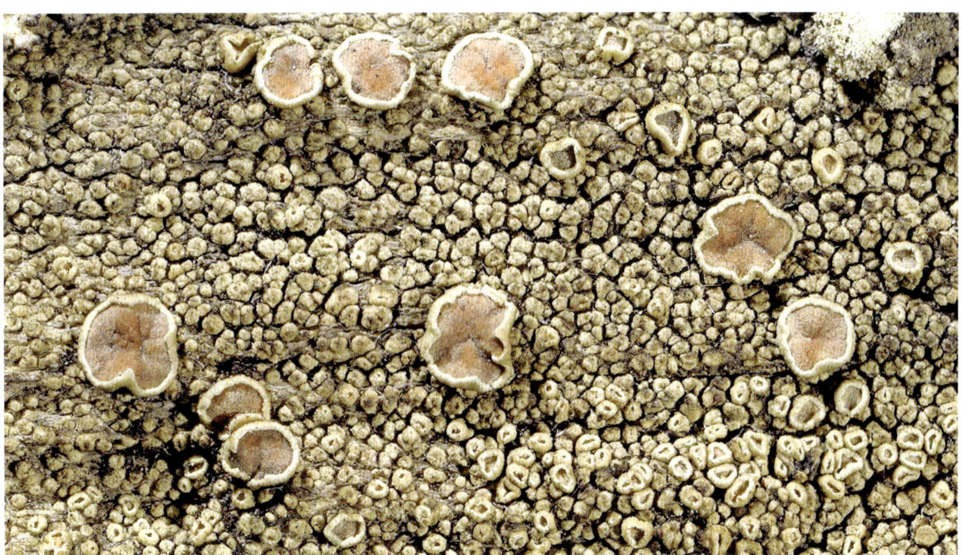

Lecanora varia **Skigardskantlav** × 15

Tallus variabelt, sammenhengende skorpeforma og ruglete eller oppdelt i spredte, vorteaktige gryn, grågult til grågrønt. Fruktlegemer opptil 1 mm breie, spredte til tettsittende, med brunrosa til grønnsvart skive og velutvikla talluskant. På død ved, ofte bearbeidet som gjerdestolper og lignende, mer sjelden på trestammer. Utbredt i hele landet.

Lecidella elaeochroma **Kystsmaragdlav** × 4

Tallus skorpeforma, sammenhengende, tynt til middels tykt, bleikgult til gråhvitt, enkeltvis eller i tette mosaikker. Bleikgule soral kan forekomme på eksemplarer nær kysten. Tallus reagerer UV+ oransje og C+ rødt. Fruktlegemer vanlige, opptil 1,2 mm breie, blåsvarte til brunaktige. Sporer fargeløse og usepterte. På bark av løvtrær. Utbredt i kyst og fjordstrøk fra Østfold til Troms. Sparsom i innlandet.

Lepraria membranacea **Rosettmellav** × 0,5

Tallus forholdsvis tykt, gulhvitt, bladaktig rosettforma med opptil 15 mm breie kantlober med oppbøyd kant, leprøs. Fruktlegemer ikke kjent (gjelder alle mellav-arter). På overhengende, skyggefulle berg, ofte på moser. Utbredt i hele landet. De fleste mellav-arter krever kjemisk analyse for sikker bestemmelse.

Lepraria neglecta **Rabbemellav** × 8

Tallus skorpeforma, gråhvitt til blågrått, med grove gryn over det hele. Tallus får et rosa anstrøk etter en tids lagring på grunn av innhold av alectorialsyre. Over moser, humusrik jord og døde planterester på berg, både langs kysten og på rabber i fjellet. Utbredt i hele landet. **Fjellmellav** *L. alpina* er svært lik, men har andre lavsyrer.

Lepraria finkii **Svampmellav** × 1

Tallus skorpeforma, mykt, med tydelig løs, hvit og litt svampaktig marg. Sorediene på overflata med tydelig utstikkende hyfeender. Oversida oftest grønn, men kan ha varierende innslag av gråblått. På voksesteder noe beskytta fra regn på berg og blokker og på store trestammer. Kan dekke store flater. Utbredt i hele landet.

Loxospora elatina **Brisklav** × 8

Tallus som regel forholdsvis tykt og ujevnt, gråhvitt til blågrått, ofte med et gulbrunt anstrøk, mer eller mindre tett besatt med gråhvite, konvekse soral som reagerer K+ skarpt gult. Fruktlegemer svært sjeldne, rødbrune. Oftest på gran og bjørk, men også på andre treslag, ikke sjelden på einer. Mest i kyst- og fjordstrøk fra Østfold til Rødøy i Nordland, sjelden i innlandet.

Megalaria grossa **Stor fløyelslav** × 10

Tallus skorpeforma, tynt og som regel glatt, gråhvitt til hvitgrønt. Fruktlegemer svarte, flate eller noe konvekse, med matt skive og noe glinsende kant, opptil 2 mm i diameter. Sporer fargeløse, tykkveggete, bredt ellipseforma, 1-septerte. På stammer av eldre løvtrær, oftest osp. Utbredt i kyst- og fjordstrøk fra Østfold til Rødøy i Nordland.

Megalaria pulverea **Grynfløyelslav** × 10

Grynfløyelslav skiller seg fra stor fløyelslav hovedsakelig ved at tallus er mer eller mindre sorediøst. Fruktlegemer mangler som regel, og laven kan da lett forveksles med andre sorediøse skorpelav. Vanligst på løvtrær, særlig rogn, i fuktig skog med rik lavflora. Utbredt langs kysten fra Vest-Agder til Vega i Nordland.

Micarea cinerea **Blypuslelav** × 13

Tallus av små, mer eller mindre konvekse, grønnhvite til blågrå areoler. Fruktlegemer opptil 0,7 mm breie, flate til svakt konvekse, bleikt gråblåe til gråsvarte med lysere kant. Sporer oftest 7-septerte. Pyknidier vanlige, innsenka i substratet. På bark og over moser og bladlav. Utbredt langs kysten fra Agder til Nordland. **Dynepuslelav** *M. peliocarpa* er svært lik, men har 3-septerte sporer.

Micarea globulosella **Taggpuslelav** × 10

Tallus skorpeforma, ujevnt og ruglete, grågrønt til brunaktig. Fruktlegemer konvekse, blygrå til svarte, opptil 0,5 mm i diameter. Sporer stavforma, svakt bøyde, oftest 3-septerte. Alltid med stiftforma pyknidier med hvit konidiemasse som gir laven et taggete preg. På stammebasis av fattigbarkstrær, særlig gran, i eldre naturskog. Spredt fra Agder til Rana i Nordland. Flere nærstående arter.

Micarea lignaria **Vedpuslelav** × 8

Tallus av mer eller mindre konvekse, oftest blågrå areoler. Fruktlegemer svarte, flate til konvekse, ofte avsmalnende mot basis. Sporer med som regel 5 til 7 tverrvegger. På død ved og på bark, gjerne på basis av trestammer, særlig furu, og over moser. Utbredt i kyst- og fjordstrøk fra Østfold til Nordland. Sjelden i innlandet.

Micarea micrococca **Grynpuslelav** × 10

Tallus av tallrike, ørsmå korn som i frisk tilstand er lyst grønne og gjennomskinnelige, av og til mørkt grønne til brunaktige. Fruktlegemer konvekse, opptil 0,6 mm i diameter, gråhvite til blygrå, av og til brunaktige eller nesten svarte. Sporer små, ellipseforma, 1-septerte. Oftest på mer eller mindre morken bark og ved. Utbredt i kyst- og fjordstrøk fra Østfold til Nordland. Sjelden i innlandet. Mange nærstående arter.

Micarea misella **Fantpuslelav** × 15

Tallus dårlig utvikla, for det meste innsenka i substratet, gråhvitt til grønnaktig. Fruktlegemer små, opptil 0,3 mm breie, svarte og konvekse. Pyknidier vanlige, svarte, med tydelig stilk og hvit konidiemasse. Både fruktlegemer og pyknidier har et grønt pigment som reagerer K+ fiolett. På mer eller mindre morken ved. Spredt i det meste av landet.

Micarea stipitata **Stiftpuslelav** × 20

Tallus tynt og dårlig utvikla, grågrønt. Pyknidier velutvikla, hvite, enkle eller forgreina, opptil 0,5 mm lange. Fruktlegemer hvite, ikke kjent i norsk materiale. På mosekledde trestammer og direkte på bark i boreonemorale regnskoger. Utbredt fra Rogaland til Sogn og Fjordane. Rødlisteart (EN – sterkt trua).

Miriquidica atrofulva **Rustgranittlav** × 3

Tallus skorpeforma, tykt og sammenhengende eller oppdelt i areoler, matt og noe ruglete, varierende i farge fra okergult til rødbrunt. Soral vanlige, svakt konkave til konvekse, gråsvarte. Fruktlegemer sjeldne. På jernrike bergarter, ofte i nedlagte gruveområder. Utbredt i det meste av landet. Vokser ofte sammen med rustsprekklav, mønjelav og andre spesialister på jernrike bergarter.

Miriquidica complanata **Sildregranittlav** × 10

Tallus skorpeforma, lysebrunt til gråaktig, oppdelt i ganske tykke, flate til svakt konvekse og noe uregelmessige, opptil 1 mm breie areoler, som gjerne er adskilt av dype sprekker. Som regel med tydelig protallus, synlig som en svart rand rundt tallus. Fruktlegemer små, opptil 0,7 mm breie, med mørkebrun til svart skive. På fuktig berg, gjerne sildreflater på sure bergarter. Utbredt i fjellet og langs kysten i store deler av landet. Sjelden i lavlandet.

Miriquidica cupreobadia **Gneislavsnylter** × 3

Tallus skorpeforma, gulbrunt til mørkebrunt, oppdelt i tettsittende areoler. Fruktlegemer tallrike, opptil 1 mm breie, med rødbrun til mørkebrun, glinsende skive. Gneislavsnylter er en parasittisk lav som opptrer på tallus av **stor gneislav** *Aspilidea myrinii*. Spredt i fjellet fra Buskerud til Trøndelag, trolig noe oversett.

Miriquidica garovaglii **Fagergranittlav** × 12

Fagergranittlav er ganske lett kjennelig med sitt glinsende, glatte, relativt tykke, areolerte, mørkebrune tallus. Areolene sitter tett sammen. Fruktlegemer brunsvarte til svarte, opptil 1,5 mm breie. De blir etter hvert sterkt konvekse med nedpressa kant. På bergarter med høyt innhold av jern og andre tungmetaller. Spredt i fjellet fra Hardangervidda til Finnmark. Sjelden i kyststrøk.

Mycoblastus sanguinarius **Vanlig blodlav** × 10

Tallus tykt og uregelmessig, lyst til mørkt grått. Fruktlegemer skiveforma, som regel konvekse, opptil 3 mm i diameter. Karakteristisk for arten er et blodrødt pigment i fruktlegemene og i margen i tallus som blir synlig når man snitter med kniv. Gulhvite soral kan forekomme. På trær med fattig bark og på død ved. Utbredt i hele landet. **Narreblodlav** *M. affinis* ligner, men mangler rødt pigment.

Mycoblastus alpinus **Fjellblodlav** × 12

Tallus gråhvitt til grågrønt, som regel tynt, oftest med små velavgrensa bleikgule soral (inneholder usninsyre). Fruktlegemer svarte, opptil 1 mm i diameter. Over moser og planterester på marka og på død ved, sjelden på berg. Utbredt i hele landet, men vanligst i fjellet.

Myriolecis albescens **Hvitkantlav** × 7

Tallus av velutvikla, konvekse, hvite areoler med matt, melete overflate, sjelden tynt og forsvinnende. Fruktlegemer tallrike, bleikt gulhvite til gulbrune, opptil 0,7 mm breie. På hardt, kalkrikt berg, samt på betongmurer, gravsteiner og lignende, som regel solrikt. Spredt i det meste av landet.

Myriolecis dispersa **Puslekantlav** × 15

Tallus innsenka i substratet, sjelden grynaktig, gråhvitt. Fruktlegemer tallrike, spredtstilte, med gråbrun til rødbrun, matt skive og lysere kant, opptil 0,7 mm breie. På kalkrikt substrat, berg og blokker, og på menneskeskapte substrat som for eksempel betongmurer, samt på næringsanrika, støvimpregnert bark i kulturlandskapet. Utbredt i hele landet.

Myriolecis hagenii **Hagekantlav** × 10

Tallus som regel utydelig, innsenka i substratet, gråhvitt. Fruktlegemer tallrike, tettsittende, med gulbrun til rødbrun skive, ofte med tynt rimaktig belegg og tynn, lysere kant, opptil 0,8 mm breie. På stammer og kvister av løvtrær og busker med rik bark, og på død ved. Spredt i det meste av landet. **Kvistkantlav** *M. persimilis* ligner, men fruktlegemene mangler rimaktig belegg og har dårlig utvikla talluskant. Pionérart på kvister av løvtrær.

Myriolecis straminea **Ishavskantlav** × 3

Tallus av tett tiltrykte, opptil 5 cm breie rosetter med konvekse, radierende kantlober, mot midten mer uregelmessig og delvis vortete, gulgrønt til grønt. Fruktlegemer opptil 3 mm breie, med brun skive og velutvikla, ofte bølgete talluskant. Ofte steril. Tallus reagerer UV+ oransje (xanthoner). På strandberg som er påvirka av fuglegjødsling. Nordlig art som er utbredt langs kysten fra Flatanger i Trøndelag til Finnmark.

Protoparmelia badia **Stor glanslav** × 5

Tallus skorpeforma, tynt, olivenbrunt til mørkebrunt, glinsende. Fruktlegemer tallrike, opptil 2 mm breie, skiveforma, glinsende kastanjebrune. På stein, fortrinnsvis på sure bergarter i lysåpne habitat. Utbredt i hele landet.

Protoparmelia ochrococca **Furuglanslav** × 7

Tallus av skinnende blanke, kastanjebrune, konvekse areoler. Fruktlegemer tallrike, opptil 1 mm breie, flate med noe opphøyd kant, av samme farge som tallus. På bark av både bartrær og løvtrær. Utbredt i kyst- og fjordstrøk fra Agder til Hamarøy i Nordland.

Protoparmelia oleagina **Tyriglanslav** × 8

Tallus variabelt, men oftest sammenhengende og ruglete, gråbrunt til mørkt olivenbrunt, med mørke, isidielignende utvekster. Fruktlegemer med glinsende blank, mørkt brun skive og tallusfarget kant, opptil 1,5 mm breie. Ofte steril. På død ved av furu, ofte avbarka kvister på levende trær. Spredt i det meste av landet til Troms. Rødlisteart (NT – nær trua).

Protoparmeliopsis muralis **Murkantlav** × 3

Tallus rosettforma, tiltrykt, gulgrønt, opptil 8 cm i diameter, med velutvikla kantlober. Fruktlegemer tallrike mot midten av tallus, opptil 2 mm breie, med bleikt gulbrun til mørkebrun skive og lys kant. På kalkrik stein og på betongmurer, gravsteiner og lignende. Utbredt i hele landet. **Solkantlav** *P. achariana* ligner, men har frie, delvis oppstigende kantlober og vokser mest på strandberg.

Psilolechia clavulifera **Oldinglav** × 30

Tallus skorpeforma, ujevnt og ruglete eller oppløst i gryn eller soredier, gråhvitt til grågrønt. Fruktlegemer svarte, svakt konvekse, opptil 0,4 mm i diameter, med en krans av tynne, hvite hår langs kanten. På dødt plantemateriale under overhengende berg, rotvelter og steinblokker og i rothuler ved basis av trær. Utbredt fra Agder til Grane i Nordland, sjelden videre nord til Finnmark.

Psilolechia lucida **Lyslav** × 12

Tallus leprøst, gult til gulgrønt, UV+ oransje. Fruktlegemer konvekse, gule, opptil 0,4 mm i diameter. Oftest på overhengende bergvegger, under rotvelter og blokker, sjelden også på trebasiser. Utbredt fra Østfold til Nord-Trøndelag. Sterilt materiale kan forveksles både med **gullnål** *Chaenotheca furfuracea* og **klippepulverlav** *Chrysothrix chlorina*, se disse.

Psora decipiens **Brun tegllav** × 6

Tallus av spredtstilte eller tett samla, flate til svakt konvekse, opptil 5 mm breie, blankt teglsteinsfarga skjell, med avrunda oppbøyd kant med hvit kantsøm og underside. Fruktlegemene skiveforma, konvekse, svarte, opptil 2 mm i diameter. På kalkrik, erodert jord. Utbredt i kalkområder i det meste av landet, særlig i fjellet.

Psora globifera **Kastanjetegllav** × 4

Tallus av tettsittende, ofte taklagte og ganske tykke skjell med noe oppbøyd kant. Som regel skinnende gulbrun til rødbrun eller mørkebrun. Fruktlegemer på oversida av skjellene, opptil 2 mm breie, mørkebrune til svarte, som regel sterkt konvekse. På kalkrik jord på soleksponerte kalkberg. Utbredt i lavlandet og kontinentale dalstrøk på Østlandet og indre fjordstrøk på Vestlandet, ellers spredt nord til Høylandet i Trøndelag.

Psora rubiformis **Fjellteglllav** × 3

Tallus av tettsittende, ofte oppstigende, taklagte skjell som ofte er uregelmessig bøyd eller vridd, som regel brungrønn til gulgrønn med hvit kantsøm og underside. Fruktlegemer brunsvarte til svarte, opptil 2 mm breie, gjerne flere tett samlet. På kalkrik jord i fjellet. Utbredt fra Rogaland til Finnmark.

Psora vallesiaca **Steppeteglllav** × 4

Tallus av spredte til tettsittende, oftest flate skjell med små sprekker og oppbøyde kanter. Oversida oftest brunaktig med hvitt, rimaktig belegg. Fruktlegemer svarte, av og til med hvitt belegg. På kalkrik jord i kontinentale strøk. Utbredt i et begrensa område i øvre Gudbrandsdalen, Vågå, Lom og Dovre. Rødlisteart (VU – sårbar).

Ramboldia cinnabarina **Bjørkesinoberlav** × 5

Tallus skorpeforma, som regel tynt, gråhvitt til bleikt gulbrunt, med flate til svakt konvekse soral med grønnhvite soredier. Fruktlegemer skiveforma, sinoberrøde, sjelden over 1 mm i diameter. På trær med fattig bark, særlig bjørk, og på ved, i fjellnær skog. Utbredt i innlandet fra Telemark til Finnmark. **Oresinoberlav** *R. subcinnabarina* har brunaktige soral og vokser mest på gråor i boreal regnskog, se bokas bakside. Spredt i Trøndelag og Nordland. Rødlisteart (EN – sterkt trua).

Ramboldia elabens **Kelolav** × 4

Tallus skorpeforma, gråhvitt, som regel ganske tykt, noe ujevnt og vortete. Fruktlegemer svarte og glinsende blanke, opptil 1 mm breie, ofte tettsittende. På død ved, særlig furugadd i lysåpne habitat. Utbredt i det meste av landet, men mangler på Sør- og Vestlandet samt i kyststrøk nordpå. Rødlisteart (NT – nær trua).

Rhizoplaca chrysoleuca **Rødplettlav** × 3

Tallus bladforma, som regel med tydelige lober, opptil 3 cm i diameter, med navla festepunkt som hos navlelavene *Umbilicaria*. Oversida lyst grønnhvit til gulgrønn, matt, ofte med mørk kant. Fruktlegemer gulbrune til lyst rødbrune. Oftest på kalkrike berg og blokker i fjellet, gjerne på toppen av fuglesteiner. Bisentrisk utbredelse, kjent fra Lærdal til Oppdal i sør, samt fra Troms og Finnmark.

Rhizoplaca melanophthalma **Grønnplettlav** × 4

Grønnplettlav skilles fra rødplettlav på at fruktlegemene er brunsvarte med lysegrønt belegg, og at tallus er lysegrønt, noe glinsende og med tendens til småflekket mønster på overflata. Omtrent samme krav til voksested og samme utbredelse som rødplettlav, men muligens noe vanligere med spredte funn også på Hardangervidda og i Nordland (Børgefjell).

Squamarina cartilaginea **Bruskkalkskjell** × 3

Tallus rosettforma, oppdelt i mer eller mindre konkave skjell eller lober som mot midten overlapper i et taklagt mønster. Oversida overveiende lysegrønn, men ofte med innslag av gult eller brunt, vanligvis med hvitt belegg langs kanten. Undersida mørkebrun. Fruktlegemer vanlige, brune, opptil 4 mm breie. På jord og moser på kalkrike berg. Utbredt i Oslofjord-området nord til Hamar. Rødlisteart (EN – sterkt trua).

Squamarina degelii **Dvergkalkskjell** × 3

Tallus som små, opptil 2 cm breie rosetter av areoler som sitter tett sammen, bleikgrønt til gulhvitt med lysere kant og tynt, hvitt belegg. Fruktlegemer tallrike, dekker ofte hele tallus, med lysebrun eller gulgrønn skive og tydelig talluskant. På kalkrike berg. Spredt i lavlandet fra Oslo til Gjøvik samt øvre deler av Gudbrandsdalen nord til Dovre og vestover til Lom og Vang i Valdres. Storfjord i Troms. Rødlisteart (VU – sårbar).

Szczawinskia leucopoda **Hvitfotlav** × 25

Tallus av små, tettsittende, avrunda, mørkt grønne til grågrønne gryn. Fruktlegemer opptil 0,4 mm breie, sjeldne, konvekse, med blågrå til gråaktig skive og lysere kant. Pyknidier karakteristiske, opptil 0,35 mm høye, svarte, spatelforma, på korte, hvite til gråaktige stilker. På tynne kvister av gran, mer sjelden på stammer av løvtrær, i boreal regnskog. Utbredt i Trøndelag og søndre deler av Nordland. Rødlisteart (NT – nær trua).

Thalloidima alutaceum **Klippekalklav** × 3

Tallus av små skjell som sitter tett sammen i opptil 4 cm breie rosetter. Oversida hvit med en karakteristisk kornete overflatestruktur og ofte små sprekker i barken. Fruktlegemer blåsvarte, opptil 2 mm breie, med gråhvitt belegg. Sporer 3-septerte. Oftest på loddrette, kalkrike, gjerne sørvendte berg. Spredt fra Telemark til Finnmark. Sjelden eller mangler på Sør- og Vestlandet og i kyststrøk videre nordover.

Thalloidima rosulatum **Fjellkalklav** × 5

Fjellkalklav skilles fra klippekalklav ved at tallus er mer uregelmessig med spredte, oppblåste skjell og ved at sporene er 1-septerte. Over moser på kalkrike berg. Spredt i fjellet i Sør-Norge fra Hardangervidda til Oppdal. Sjelden fra Trøndelag til Finnmark. **Krittkalklav** *T. candidum* danner regelmessige rosetter med tykk pruina på fruktlegemene. Utbredt fra Telemark til Gudbrandsdalen. Rødlisteart (VU – sårbar).

Thalloidima sedifolium **Tungekalklav** × 3

Tallus av uregelmessige, oppblåste, ofte langstrakte eller tungeforma skjell som sitter spredt eller tett sammen. Farge overveiende olivengrønt til brungrønt. Ofte med rimaktig belegg (pruina). Fruktlegemer blåsvarte, med eller uten pruina. Over moser og jord på kalkrik grunn. Utbredt i kalkområder i hele landet.

Amygdalaria panaeola **Mandellav** × 6

Tallus skorpeforma, areolert, grågrønt, eller lysebrunt til brunrosa. Soral vanlige, velavgrensa, gråbrune. Cefalodier som regel rikelig til stede, rødbrune, konvekse og ruglete. Fruktlegemer svarte, sjeldne. På sure bergarter, ofte langs vassdrag. Utbredt i hele landet.

Arthrorhaphis citrinella **Melsitronlav** × 6

Tallus av små, tett- til spredtstilte areoler som tidlig løser seg opp i soral med fine soredier, bleikt grønngult til sitrongult. Fruktlegemer svarte, opptil 1 mm breie, oftest mellom areolene. Sporer nålforma og med mange septa. På tynt jorddekke og moser på skyggefulle berg. Utbredt i hele landet.

Bellemerea alpina **Fjellhølav** × 1

Tallus skorpeforma, gråhvitt til blågrått eller gulaktig, oppdelt i areoler. Fruktlegemer innsenka i tallus, skiveforma, opptil 1,5 mm breie, gråbrune til rødbrune. På harde, som regel silikatholdige eller tungmetallholdige bergarter i fjellet. Utbredt fra Hardangervidda til Finnmark.

Bellemerea diamarta **Rusthølav** × 2

Rusthølav skilles fra fjellhølav på at tallus er mørkt rustfarga og ved at fruktlegemene er mørkere, nesten svarte. På bergarter med høyt innhold av tungmetaller, gjerne i gamle gruveområder. Spredt på Østlandet og i fjellet fra Rogaland til Troms.

Bryobilimbia hypnorum **Mosealvelav** × 10

Tallus skorpeforma, tynt, jevnt eller noe ruglete, grågrønt til brunaktig. Fruktlegemer skiveforma, flate til konvekse, opptil 1,5 mm i diameter, brune til brunsvarte, ofte litt glinsende. Sporer bønneforma, fargeløse, enkle til 1-septerte. Hymeniet ofte med fiolette, K+ irrgrønne korn. Over moser på kalkrike berg og på basis av trestammer i rik skog. Utbredt i hele landet.

Koerberiella wimmeriana **Tottlav** × 5

Tallus skorpeforma areolert, gråhvitt til gårrosa, sjelden med varierende innslag av brunt. Oversida med tykke, sylindriske til klubbeforma isidier som etterlater små sorallignende krater når de faller av. Fruktlegemer sjeldne, opptil 1,5 mm breie, med brun skive og talluskant. På fuktig berg, gjerne sildreflater, ved innsjøer og langs bekker. Utbredt i hele landet.

Lecidea confluens **Blyskivelav** × 5

Tallus skorpeforma, ganske tykt, oppsprukket i areoler, askegrått til blågrått, sjelden med rustflekker. Marg J+ fiolett. Fruktlegemer som regel i tette grupper, opptil 2 mm breie, svarte, av og til svakt pruinøse. På silikatberg. Utbredt i store deler av landet, særlig i fjellet. Mangler lengst sør.

Lecidea coriacea **Lærskivelav** × 4

Tallus skorpeforma, tynt og ofte innleira i substratet, gråhvitt til grågrønt. Fruktlegemer tallrike, skiveforma, opptil 0,8 mm breie, varierende i farge fra lysebrun eller gulbrun til brunsvart, ofte uregelemessig vortete. På død ved av gran og på gamle løvtrær, særlig bjørk og selje i gammel skog, sjelden også på einer. Utbredt i indre strøk fra Hedmark til Troms. Rødlisteart (VU – sårbar).

Lecidea fuscoatra **Brun skivelav** × 5

Tallus skorpeforma, oppdelt i areoler, lyst gråbrunt til gulbrunt, matt eller noe glinsende. Marg C+ rød (gyroforsyre). Fruktlegemer enkeltvis eller flere tett sammen, skiveforma, opptil 2,5 mm breie, som regel svakt pruinøse. På silikatberg, ofte strandberg eller åpne berg i kulturlandskapet. Utbredt i store deler av landet, særlig langs kysten.

Lecidea leucothallina **Blank skivelav** × 5

Tallus av spredte til sammenvokste, flate til svakt konvekse areoler, gråhvitt til bleikt gulbrunt, ofte noe glinsende. Fruktlegemer svarte, opptil 1 mm breie, med tykt blågrått belegg på skivene og mørkere kant. Skiver PD+ oransjerøde (pannarin). På silikatberg, gjerne krystallinsk skifer. Spredt i fjelltrakter fra Agder til Finnmark.

Lecidea lapicida **Vanlig skivelav** × 4

Tallus skorpeforma, som regel oppdelt i areoler, gråhvitt til blågrått med varierende innslag av rust, også helt rustfarga. Marg J+ fiolett. Fruktlegemer tallrike, halvveis innsenka, svarte, opptil 1,5 mm breie. På silikatberg, ofte med innslag av jernholdige mineraler. Variabel og svært vanlig art, utbredt i hele landet.

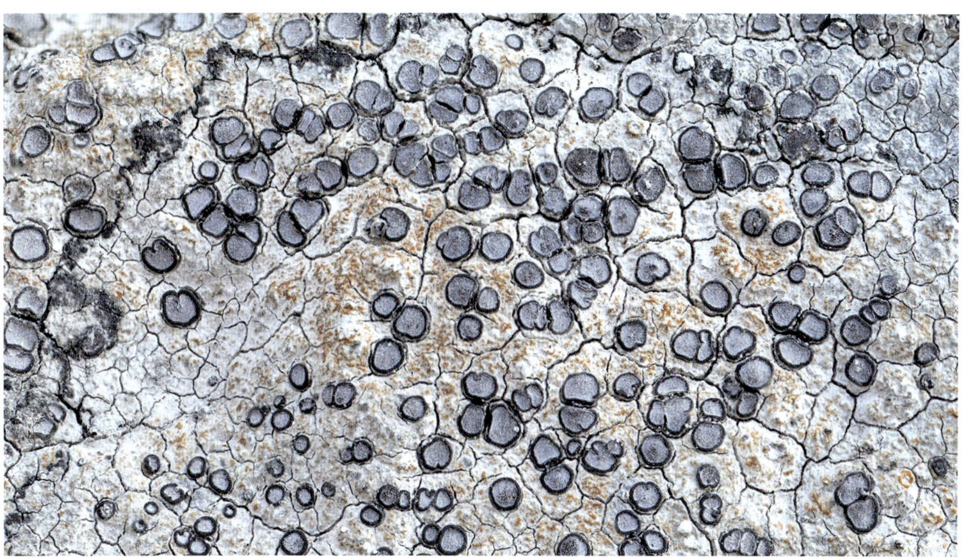

Lecidea lithophila **Steinkjærlav** × 3

Tallus skorpeforma, sammenhengende eller oppsprukket i areoler, gråhvitt til blågrått, av og til med rustflekker. Marg J–. Fruktlegemer flate til svakt konvekse, opptil 2 mm breie, ofte med rimaktig belegg. Pionérart på silikatberg. Utbredt i hele landet. Flere nærstående arter, sikker bestemmelse krever mikroskopi.

Lecidea roseotincta **Vinlav** × 6

Tallus hvitt til grågrønt med rosa til vinrøde flekker, av og til (som på bildet) pigmentert over det hele. Fruktlegemer tallrike, svarte, flate til konvekse, med dårlig utvikla kant, opptil 0,7 mm i diameter. På løvtrær med glatt bark, oftest gråor og rogn. Utbredt i kyst- og fjordstrøk fra Rogaland til Kvæfjord i Troms. Eksemplarer uten rosa flekker forekommer og kan være vanskelig å skille fra andre svartfrukta skorpelaver.

Lecidea silacea **Rustskivelav** × 5

Tallus skorpeforma, tykt og oppsprukket i mer eller mindre konvekse areoler, rustrødt. Fruktlegemer tallrike, flate til svakt konvekse, opptil 2 mm breie, svarte med matt overflate og grønnsvart kant. På bergarter med høyt innhold av jern, ofte i gamle gruveområder. Utbredt på Østlandet og i fjelltrakter fra Suldal til Finnmark.

Lecidea turgidula **Veddoggknapp** × 12

Tallus skorpeforma, tynt og delvis innsenka i substratet, gråhvitt. Fruktlegemer tallrike, etter hvert konvekse, opptil 0,7 mm breie, svarte og som regel med tydelig pruina. Mest på ved av bartrær, sjelden også på bark. Utbredt i hele landet. **Sukkerdoggknapp** *L. leprarioides* har tallus med fine soredier spredt utover. Mest på stammer og tørre greiner av gamle grantrær.

Lecidea turficola **Rotskarvlav** × 7

Tallus av små runde, konvekse areoler som sitter spredt eller tett sammen. Farge overveiende grågrønn til olivengrønn eller brunaktig. Fruktlegemer skiveforma, brune, matte til noe glinsende, opptil 1,5 mm i diameter. På død ved og humus på rotvelter, på basis av trær i glissen barskog og på marka i alpin vegetasjon. Kjent fra fjellstrøk i Sør-Norge og fra lavlandet i Trøndelag. Rødlisteart (EN – sterkt trua).

Lecidoma demissum **Jordskarvlav** × 3

Tallus av flate til konvekse, ruglete areoler som sitter tett sammen og danner en tykk, gråbrun til mørkt rødbrun skorpe. Fruktlegemer rødbrune til nesten svarte, enkle eller i grupper, opptil 2 mm breie. På jord, både mineralrik og humusrik, som regel i lysåpne habitat. Utbredt i hele landet, men vanligst i fjellet.

Lopadium disciforme **Barkravnlav** × 10

Tallus av spredtstilte, tiltrykte, grågrønne til brune skjell. Fruktlegemer svarte, opptil 1,2 mm i diameter, avsmalnende mot basis. Sporesekker med én, stor, murforma spore. Oftest på fattigbarkstrær i fuktige skoger. Utbredt fra Agder til Lødingen i Nordland. **Moseravnlav** *L. pezizoideum* ligner, men vokser over moser på baserik grunn, særlig i fjellet.

Mycobilimbia tetramera **Matt alvelav** × 10

Tallus skorpeforma, ujevnt og vortete, gråhvitt til grågrønt. Fruktlegemer gråbrune til brunsvarte, matte, opptil 1,5 mm i diameter. Sporer 3-septerte. Over moser på basis av løvtrær og på kalkrike berg. Utbredt i hele landet. **Rosa alvelav** *M. carneoalbida* ligner, men har bleikt gulbrune til brunrosa fruktlegemer.

Porpidia flavicunda **Fjellblokklav** × 4

Tallus skorpeforma, tykt og oppsprukket, helt eller delvis rustfarga. Fruktlegemer vanlige, opptil 2,5 mm i diameter, svarte, men ofte med tynn, blågrå pruina. På sure bergarter. Utbredt i det meste av landet, særlig i fjellet, men mangler lengst sør. **Stor blokklav** *P. macrocarpa* har tynnere og bare flekkvis rustfarga tallus, større fruktlegemer uten pruina og andre lavsyrer. Slekta inneholder mange dårlig utreda arter.

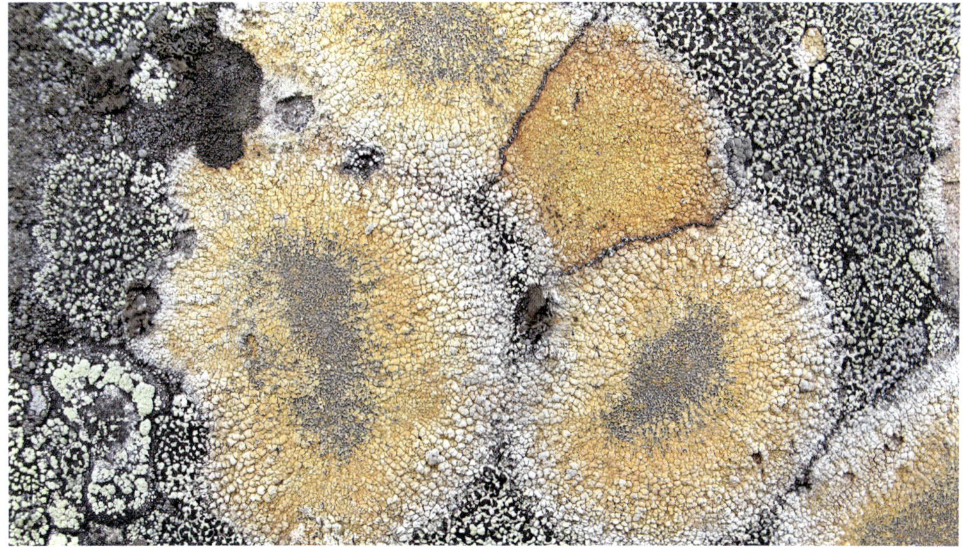

Porpidia melinodes **Rustblokklav** × 1

Tallus skorpeforma, som regel mer eller mindre rustfarga, med askegrå, ofte konkave soral mot sentrum. Fruktlegemer mangler som regel. På sure berg og blokker. Utbredt i hele landet, men vanligst i fjellet. **Okerblokklav** *P. ochrolemma* ligner, men har oftest en lysere, oker til bleikt gullgul farge og andre kjemiske karakterer.

Porpidia nadvornikiana **Olivinblokklav** × 5

Tallus skorpeforma, gråhvitt, med tallrike, korte papilleforma isidier. Fruktlegemer svarte, opptil 2 mm breie. På ultramafiske bergarter som olivin og serpentin. Sjelden art som er kjent fra noen få lokaliteter fra Stange i Hedmark til Rødøy i Nordland. Rødlisteart (EN – sterkt trua).

Porpidia pachythallina **Heiblokklav** × 6

Tallus skorpeforma, forholdsvis tynt, oppsprukket eller med spredtstilte areoler, gråhvitt. Soral vanlige, flate til svakt konvekse, blågrå til grønne. Fruktlegemer svarte, opptil 1 mm breie, ofte flere tett sammen i grupper. På sure bergarter. Kjent fra fjell- og kystområder i Sør-Norge til Nordland. **Vorteblokklav** *P. tuberculosa* ligner, men har tydelig pruina på fruktlegemene og J+ fiolett marg.

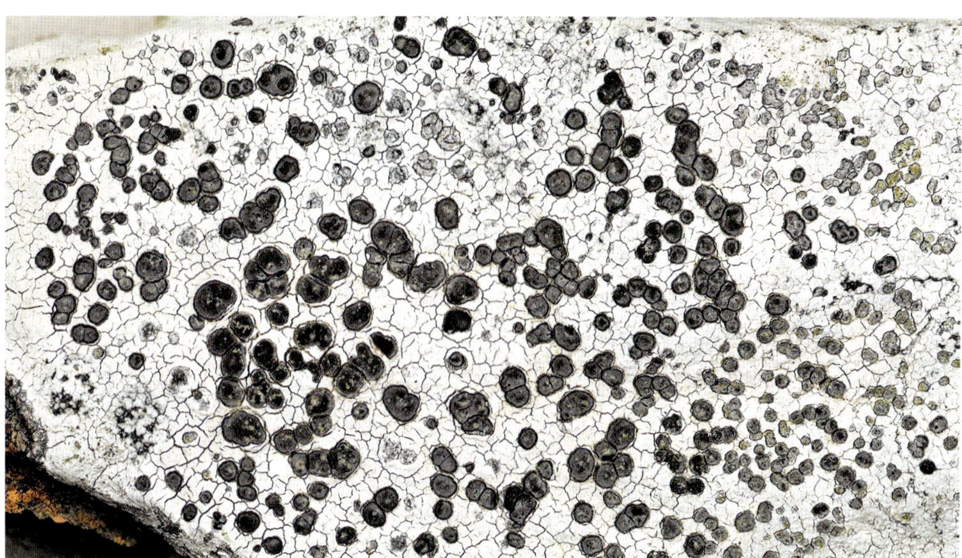

Porpidia speirea **Krittblokklav** × 3

Tallus skorpeforma, tykt og oppsprukket, hvitt til kremfarget. Fruktlegemer opptil 2 mm breie, svarte, innsenka i tallus. Sporer enkle, fargeløse. På harde, baserike skiferbergarter. Utbredt i det meste av landet, men mangler på Sørlandet. Kan forveksles med **kalkkartlav** *Rhizocarpon umbilicatum*, som har mer sittende fruktlegemer og murforma sporer, se side 303.

Romjularia lurida **Romjulslav** × 4

Tallus av flate til svakt konkave skjell med glatt eller svakt rynka overflate. Skjellene overlapper og danner en nesten bladforma struktur. Fargen varierer fra grønnaktig til brunt. Fruktlegemer langs kanten av skjellene, skiveforma, mørkebrune, flate til svakt konvekse, opptil 1,5 mm breie. Pyknidier brune, ganske vanlige. På kalkrik jord. Utbredt i kalkområder i store deler av landet.

Lichinodium ahlneri **Trøndertustlav** × 30

Tallus av opptil 2 mm breie, oftest brunsvarte til grønnsvarte rosetter, med mer eller mindre tiltrykte greiner. Inneholder blågrønnbakterier. Fruktlegemer brune, opptil 0,5 mm breie. På tynne kvister av gran, sjelden også på stammer av gråor. Utbredt i boreal regnskog fra Rissa i Sør-Trøndelag til Hemnes i Nordland. Rødlisteart (NT - nær trua).

Lichina confinis **Dvergtanglav** × 10

Tallus av små kompakte matter eller flattrykte, mørkt olivenbrune til svarte tuer med opptil 3 mm høye, mer eller mindre sylindriske greiner. Kan også oppfattes som busklav. Fruktlegemer innsenka i oppsvulma greinspisser. På strandberg litt ovenfor rurbeltet. Utbredt langs kysten fra Østfold til Finnmark. **Havtanglav** *L. pygmaea* har avflata greiner og er generelt noe større.

Peltula euploca **Dvergskjold** × 6

Tallus av lyst gråbrune til mørkebrune skjell med sentralt festepunkt. Kantene er noe oppbøyd og sorediøse med gråfarga soredier. Undersida lysebrun. Fruktlegemer ikke kjent fra Norge. Oftest på mer eller mindre kalkrike, fuktige berg, gjerne sildreflater langs vassdrag og sjøer. Kjent fra Østlandsområdet nord til Nord-Fron, med spredte funn vestover til Rogaland og Hordaland. Rødlisteart (NT – nær trua).

Thyrea confusa **Gråtungelav** × 7

Tallus danner svarte, opptil 2 cm breie puter, med uregelmessige, oppstigende lober. Overflata grynaktig. Undersida lysere, delvis foldet. Fruktlegemer ikke kjent fra Norge. Oftest på eksponerte, vertikale, kalkrike berg. Tørketålende. Utbredt i lavlandet på Østlandet fra Telemark til Mjøstraktene, videre nordover til Vågå. Rødlisteart (VU – sårbar).

Acrocordia gemmata **Stor vulkanlav** × 10

Tallus skorpeforma, hvitaktig, tynt. Fruktlegemer (perithecier) tallrike, opptil 1 mm breie, svarte, kjegleforma med poreforma åpning. Sporer fargeløse, bønneforma, 1-septerte, med tykt og som regel finvortet slimhylster, plassert i én rekke i sporesekkene. På stammer av løvtrær, helst i edelløvskog, sjelden på død ved. Utbredt i dalstrøk på Østlandet og i kyst- og fjordstrøk fra Østfold til Nærøy i Nord-Trøndelag.

Anisomeridium biforme **Tøffellav** × 20

Tøffellav kan ligne stor vulkanlav, men fruktlegemene er betydelig mindre, opptil 0,5 mm breie, sporene er mindre, såleforma, og mangler finvortet slimhylster og ligger ofte uregelmessig i sporesekkene. På løvtrær med glatt bark, sjelden også på einer. Utbredt i kyst- og fjordstrøk fra Oslofjord-området til Ørland i Trøndelag.

Coenogonium pineti **Bleik vokslav** × 10

Tallus skorpeforma, grågrønt til grått, tynt. Fruktlegemer tallrike, opptil 0,5 mm breie, gråhvite til gråsa eller bleikt gulaktig, gjennomsiktig i fuktig tilstand. Sporer ellipse-forma, 1-septerte. På basis av løvtrær, særlig gråor, men også over moser mellom rothalser av gran og andre treslag i fuktig skog. Utbredt fra Østfold til Finnmark.

Coenogonium luteum **Gul vokslav** × 8

Gul vokslav skiller seg fra bleik vokslav ved at fruktlegemene er større, opptil 2 mm i diameter, skarpt gule, og ved at konidiene er mindre. På basis av trær og over moser i eldre skog og på mosekledde berg. Spredt i Sør-Norge fra Agder til Ørland i Trøndelag. Rødlisteart (EN – sterkt trua).

Diploschistes scruposus **Grå kløyvlav** × 6

Tallus skorpeforma, ganske tykt, grått, med varierende innslag av gult eller brunt, sammenhengende eller oppsprukket i konvekse areoler. Fruktlegemer opptil 2 mm breie, krukkeforma og innsenka i areolene, med svart skive og tynn pruina. På silikatberg. Utbredt i hele landet, både i lavlandet og i fjellet.

Gomphillus calycioides **Strutlav** × 6

Tallus skorpeforma, svært tynt, bleikt grågrønt. Fruktlegemer brunsvarte, opptil 0,7 mm breie, med lys underside og en tydelig, lys, opptil 1 mm høy stilk. Normalt ett fruktlegeme per stilk, sjeldent flere fra samme stilk. Over moser på stammer av styva asketrær i boreonemoral regnskog. Kjent fra Rogaland og Hordaland. Rødlisteart (EN – sterkt trua).

Graphis scripta **Vanlig skriftlav** × 6

Tallus skorpeforma, gråhvitt til grågrønt, tynt og glatt. Fruktlegemer tallrike, strekforma, uregelmessig bøyd, variabel i størrelse, av og til med pruina. Sporer fargeløse, spolforma og mangesepterte. På løvtrær med glatt bark, særlig gråor og hassel. Utbredt i lavlandet på Østlandet og i kyst- og fjordstrøk til Vega i Nordland.

Graphis elegans **Kystskriftlav** × 10

Kystskriftlav skiller seg fra vanlig skriftlav ved at fruktlegemene gjennomgående er større, og ved at kanten har 1–6 langsgående furer. Tallus flekkvis K+ rødt (norstictinsyre). På stammer av løvtrær, oftest bjørk, hassel og rogn, samt på kristtorn. Utbredt fra Sandnes i Rogaland til Flora i Sogn og Fjordane. Rødlisteart (VU – sårbar).

Gyalecta carneola **Kjøttkraterlav** × 14

Tallus skorpeforma, gråhvitt til grågrønt, tynt og delvis innleira i substratet. Fruktlegemer oftest konkave, opptil 0,6 mm breie, rødbrune, først delvis nedsenka, seinere sittende med bølgete, lys talluskant. Sporer spolforma og mangesepterte (10–15 septa). På løvtrær med glatt bark i eldre edelløvskog. Utbredt fra Agder til Møre og Romsdal. Sjelden på Østlandet. Rødlisteart (VU – sårbar). **Puslekraterlav** *G. fagicola* ligner, men har mindre sporer med færre (3–7) septa.

Gyalecta flotowii **Bleik kraterlav** × 14

Tallus skorpeforma, tynt, gråhvitt til grågrønt. Fruktlegemer opptil 0,4 mm breie, innsenka, med konkav, gulaktig til oransjerød skive. Sporer murforma med 5–6 celler. På stammer av gamle edelløvtrær, særlig alm. Utbredt i kyst- og fjordstrøk fra Oslo til Trøndelag. Rødlisteart (VU – sårbar). **Stuvkraterlav** *G. derivata* og **trelegglav** *G. truncigena* ligner, men har annerledes sporer. Begge er rødlistearter (EN – sterkt trua).

Gyalecta foveolaris **Heikraterlav** × 6

Tallus skorpeforma, ganske tykt, gråhvitt til gulaktig. Fruktlegemer innsenka, opptil 2 mm breie, med sterkt konkav, gulaktig til oransjerød skive. På moser og humusrik jord på baserik grunn. Utbredt i fjellet fra Vågå og Dovre til Finnmark. Spredt langs kysten fra Stad og nordover.

Gyalecta friesii **Huldrelav** × 8

Tallus skorpeforma, grågrønt, mørkt olivengrønt som fuktig, tynt. Fruktlegemer skiveforma, gulgrønne som fuktige, gulbrune i tørr tilstand, svakt konkave som unge, siden flate, opptil 5 mm i diameter. Sporer fargeløse, 3-septerte. Vokser svært skyggefullt over moser og planterester under overheng og i hulrom mellom rothalser av gran i fuktig skog. Utbredt fra Telemark til Finnmark. Rødlisteart (NT – nær trua).

Gyalecta ulmi **Almelav** × 8

Tallus lyst grågrønt til gråhvitt. Fruktlegemer opptil 2 mm breie, med rød til rødoransje, svakt konkav skive omgitt av en lys, noe oppflisa talluskant med pruina. På stammer av gamle edelløvtrær, særlig alm, men også over moser på kalkrike berg. Utbredt fra Østfold til Tromsø, men sjelden nord for Trøndelag. Mangler i de ytterste delene av Vestlandet og i fjellet. Rødlisteart (NT – nær trua).

Gyalideopsis piceicola **Granpensellav** × 15

Tallus skorpeforma, grågrønt, glatt, som regel med karakteristiske vifteforma eller penselaktige utvekster som danner konidier på undersida. Fruktlegemer skiveforma, brune til brunsvarte, opptil 0,8 mm i diameter. Sporer fargeløse, murforma. På tynne grankvister i fuktige skoger, mer sjelden på stammer av gråor. Sjelden i Sør-Norge (Gjøvik og Voss). Vanligere fra Sør-Trøndelag til Rana i Nordland.

Petractis clausa **Kalkstjerne** × 12

Tallus tynt, grågrønt, helt innsenka i substratet. Fruktlegemer runde, opptil 0,7 mm breie, gråhvite, lysere enn tallus, etterlater seg groper i substratet. Hymeniet gulrosa til oransje, synlig som 3–6 radierende sprekker i stjerneform. På kalkstein, helst skråflater, i kalkfuruskog. Kun kjent fra Hole, Bømlo og Trøndelag (Steinkjer og Snåsa). Rødlisteart (EN – sterkt trua).

Phlyctis argena **Sølvkrittlav** × 5

Tallus hvitt til sølvgrått, av varierende tykkelse, ofte forholdsvis tynt, ikke sjelden flere dm i utstrekning. Alltid med gråhvite, sjelden grønnaktige, mer eller mindre avlange soral som ofte flyter sammen. Fruktlegemer ikke vanlige, oftest dekket av gråhvit pruina. Tallus K+ gult som snart går over til rødt (norstictinsyre). Oftest på løvtrær med glatt bark, særlig gråor. Utbredt i kyst- og fjordstrøk fra Østfold til Tromsø. **Øyekrittlav** *P. agelaea* mangler soral, men har alltid fruktlegemer. Langs kysten til Hemnes i Nordland. Rødlisteart (VU – sårbar).

Thelopsis rubella **Rød stuvlav** × 4

Tallus skorpeforma, tynt, grått til grågrønt, ikke tydelig avgrensa. Fruktlegemer perithecier, bleikt lyserøde til brunrøde, opptil 0,5 mm breie. På stammer av gamle edelløvtrær, ofte styva ask, alm og lind i boreonemoral regnskog. Utbredt fra Agder til Sogn og Fjordane. Rødlisteart (VU – sårbar).

Thelotrema lepadinum **Kystrurlav** × 10

Tallus skorpeforma, bleikt gulgrønt eller gulhvitt og forholdsvis tykt. Fruktlegemer opptil 2 mm breie, innsenka i rurlignende tallusvorter med nesten loddrette sider. Sporer fargeløse, murforma. Oftest på stammer av løvtrær, sjelden på gran. Utbredt i kyst- og fjordstrøk fra Østfold til Flatanger i Nord-Trøndelag. **Hasselrurlav** *T. suecicum* ligner, men tallusvortene er mindre, med slakkere sider, og sporene er kun tverrsepterte (ikke murforma). Rødlisteart (NT – nær trua).

Placynthium flabellosum **Vifteblekklav** × 4

Tallus danner gråbrune til olivenbrune rosetter som er dekket av smale, delvis oppstigende, isidielignende smålober. Kantlober tiltrykte, glatte og breiere, nesten vifteforma. Fruktlegemer sjeldne, svarte. På tidvis oversvømte bergflater og steiner, ofte langs bekker, elver og ferskvannsstrender. Spredt i det meste av landet. Vanskelig slekt med flere nærstående arter.

Placynthium nigrum **Kalkblekklav** × 5

Tallus skorpeforma, oppsprukket i areoler med kornete, stiftforma til koralloide isidier på overflata, svartbrunt til mørkt olivenbrunt. Oftest med tydelig svart, frynsete hypotallus, synlig langs kantene. Fruktlegemer mørkt brune til svarte, opptil 1 mm breie. På kalkrike berg. Utbredt i kalkområder i store deler av landet.

Aspilidea myrinii **Stor gneislav** × 8

Tallus skorpeforma og forholdsvis tykt, som regel nettaktig oppsprukket, gråhvitt med okerfarga anstrøk. Marg J+ blå. Fruktlegemer svarte og avflata, som regel innsenka i tallus, opptil 1,5 mm i diameter. Kan danne flere dm store talli som er synlig på langt hold. På sure bergarter i fjellet i hele landet. Flere arter ligner, men ingen når gneislavens størrelse.

Circinaria calcarea **Silurlav** × 5

Tallus skorpeforma, ganske tykt, kritthvitt, som regel med melaktig overflate, mer eller mindre oppsprukket. Fruktlegemer innsenka i tallus, opptil 1 mm breie, svarte, konkave, som regel med tynn, gråhvit pruina. Sporer usepterte og nesten runde. På kalkstein. Spredt i kalkområder i store deler av landet, men sjelden nord for Trøndelag.

Coccotrema citrinescens **Iglolav** × 5

Tallus skorpeforma, av varierende tykkelse, oppsprukket i areoler, gråhvitt. Overflata med konvekse soral med grove soredier og uanselige gRårosa til gulbrune cefalodier. Fruktlegemer perithecielignende, kuleforma, opptil 0,8 mm breie med poreforma åpning. På berg, ofte beskytta, vertikale flater. Spredt langs kysten fra Rogaland til Nordland.

Dibaeis baeomyces **Klubbelav** × 4

Tallus gråhvitt til grågrønt, med tallrike hvite til hvitrosa, halvkuleforma vorter som ofte har gråhvit pruina. Fruktlegemer sjeldne, nesten kuleforma, opptil 4 mm breie, rosa, på en kort, hvitrosa, furet stilk. På jord, ofte i vegskjæringer og på erodert mark. Utbredt i hele landet, men vanligst i nord og i fjellnære områder.

Icmadophila ericetorum **Rosenlav** × 4

Rosenlav er en av våre mest karakteristiske skorpelaver med sine bleikrosa, flate til svakt konvekse, opptil 5 mm breie fruktlegemer. Tallus bleikt grågrønt til hvitt, av og til noe kornete og ujevnt. På død ved, torv og over moser. Kan dekke store flater. Utbredt i hele landet fra kysten til godt over skoggrensa.

Lobothallia melanaspis **Bekkeskiferlav** × 3

Tallus bladlavlignende, grågrønt til brunaktig eller mørkt grått, med lange, smale radierende kantlober. Fruktlegemer rødbrune til brunsvarte med talluskant, opptil 1,5 mm i diameter. Oftest på noe kalkholdig berg, gjerne skiferberg i fuktsonen langs elver og bekker. Spredt i innlandet fra Østfold til Finnmark. Rødlisteart (NT – nær trua).

Lobothallia praeradiosa **Steppeskiferlav** × 3

Tallus rosettaktig, tett tiltrykt, gråhvitt til grågrønt, med tydelig rimaktig belegg, særlig på kantlobene. Fruktlegemer skiveforma, opptil 1 mm breie, svarte, med lys talluskant. På kalkrike, ofte soleksponerte berg. Kun kjent fra kontinentale områder i Gudbrandsdalen, Valdres, Lom og Vågå. Rødlisteart (VU – sårbar).

Ochrolechia androgyna **Grynkorkje** × 5

Tallus skorpeforma, grått, tykt og ruglete, med opptil 2 mm breie, flate til svakt konvekse soral med grove, oftest grågrønne soredier. Fruktlegemer opptil 7 mm breie, med gulbrun skive og tykk talluskant som av og til danner soral. På stammer og greiner av bartrær og løvtrær med fattig bark, og på berg og blokker. Utbredt i kyst- og fjordstrøk fra Østfold til Troms.

Ochrolechia mahluensis **Vrangkorkje** × 5

Tallus skorpeforma, forholdsvis tynt, som regel sammenhengende, gråhvitt til grågrønt, med varierende innslag av gulbrunt. Soral oftest bleikgule, velavgrensa til sammenflytende. Fruktlegemer opptil 2 mm breie, bleikt gulbrune til brunrosa, og med serediøs kant. På bartrær og løvtrær. Utbredt i hele landet, særlig i fjellnær skog. Har tidligere vært slått sammen med **grynkorkje** *O. androgyna*, som den kan forveksles med.

Ochrolechia alboflavescens **Kremkorkje** × 4

Kremkorkje kan ligne andre sorediøse korkje-arter, men soralene er større og ofte omgitt av en tydelig talluskant. Den har også generelt større, opptil 9 mm breie fruktlegemer, samt andre lavsyrer. Oftest på furu, men ikke uvanlig på bjørk og gran. Utbredt fra Agder til Nordland, helst i fjellnær skog. Rødlisteart (NT – nær trua).

Ochrolechia frigida **Fjellkorkje** × 6

Tallus svært variabelt, ganske tynt og jevnt eller tykkere med korn og vorter, ofte med karakteristiske taggete utvekster, hvitaktig til grått. Fruktlegemer opptil 5 mm breie, bleikbrune til rødbrune, uten pruina. Over moser og døde planterester på marka i fjellet, av og til også på fattige myrer. Utbredt i hele landet.

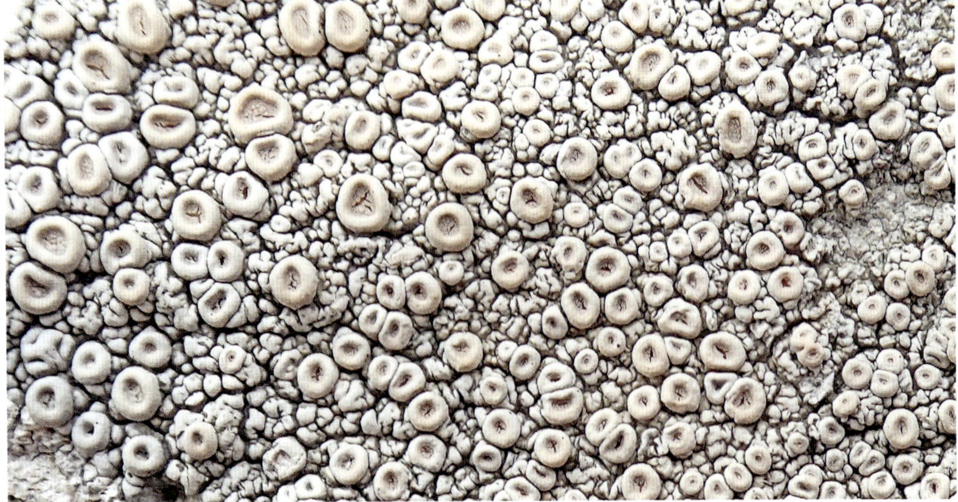

Ochrolechia parella **Klippekorkje** × 4

Klippekorkje kjennes på at tallus er helt uten soral og som regel helt dekket av opptil 3 mm breie fruktlegemer. På berg og blokker og kan dekke store flater. Utbredt i kyst og fjordstrøk fra Østfold til Finnmark. **Bleikkorkje** *O. pallescens* er svært lik, men vokser på trær.

Ochrolechia szatalaensis **Kystkorkje** × 6

Tallus skorpeforma, tynt og glatt, av og til noe ujevnt og ruglete, hvitaktig til gulgrått. Fruktlegemer tallrike, bleikbrune til brunrosa eller guloransje, med tynn pruina, opptil 3 mm i diameter. Oftest på løvtrær med glatt bark, sjelden på bartrær. Utbredt i kyst- og fjordstrøk fra Akershus til Finnmark. **Kalkkorkje** *O. upsaliensis* er svært lik, men vokser på marka i reinroseheier.

Ochrolechia tartarea **Fargekorkje** × 4

Tallus skorpeforma, tykt, ruglete og ujevnt, gråhvitt til grågrønt. Kan ofte løsnes fra underlaget i store flak. Fruktlegemer som regel tallrike, brunrosa til lyst oransjebrune, opptil 7 mm i diameter, ofte med rimaktig belegg. På sure berg og blokker, særlig i åpne kystheier. Utbredt i hele landet, men sjelden i innlandet.

Lepra amara **Bitterlav** × 5

Tallus skorpeforma, oftest glatt til svakt ruglete og noe voksaktig, grått, av og til grønt, alltid med flate til svakt konvekse, opptil 2 mm breie, hvite soral som smaker kraftig bittert. Oftest på løvtrær, men også på bartrær. Mest i kyst- og fjordstrøk fra Østfold til Kåfjord i Troms. Sjelden i innlandet. Flere arter ligner bitterlav, men alle har mild smak.

Lepra dactylina **Fingervortelav** × 5

Tallus gråhvitt til hvitt, karakteristisk med tettsittende, enkle, sylindriske til klubbeforma, opptil 2 mm høye papiller. Fruktlegemer innsenka i spissen av papillene. På bark, død ved, over moser og på døde planterester i fjellet og i fjellnær skog. Utbredt fra Agder til Finnmark, i nord også langs kysten.

Lepra ophthalmiza **Rimvortelav** × 10

Tallus skorpeforma, glatt eller noe ruglete, gråhvitt til grågrønt. Fruktlegemer dannes i opptil 1,2 mm breie sorallignende vorter uten egentlige soredier, dekket av et tykt, rimaktig belegg som skjuler de brunsvarte skivene. På løvtrær med glatt bark, sjelden på gran. Utbredt i lavlandet og dalstrøk østafjells samt i kyst- og fjordstrøk nord til Skånland i Troms. **Kystvortelav** *L. multipuncta* ligner, men er tykkere og har andre lavsyrer. Sørvestlig. Rødlisteart (VU – sårbar).

Lepra panyrga **Fjellvortelav** × 10

Tallus matt gråhvitt, som regel uregelmessig og med tykke isidielignende tallusvorter der det produseres fruktlegemer med brunsvart til gråsvart skive som ofte er dekket av et tykt, rimaktig belegg. Oftest over moser og planterester på marka, sjelden også på trær. Utbredt i fjellet fra Hordaland til Finnmark.

Pertusaria coronata **Stiftvortelav** × 15

Tallus grågrønt til gråhvitt eller gulgrønt, UV+ oransje (xanthoner), med kule- til stiftforma isidier som ofte har mørke spisser. Oftest på løvtrær. Utbredt i kyst- og fjordstrøk fra Akershus til Finnmark. **Kulevortelav** *P. coccodes* ligner, men har et gråhvitt tallus som reagerer K+ rødt (norstictinsyre) og UV–.

Pertusaria hymenea **Hinnevortelav** × 10

Tallus oftest ujevnt og ruglete, forholdsvis blankt og voksaktig, grågrønt til gulgrønt, C+ gult (xanthoner). Fruktlegemer i grupper på 1 til 4, innsenka i opptil 3 mm breie tallusvorter. Skiva først punktforma, seinere opptil 1,5 mm i diameter, svart, med rimaktig belegg. På stammer av løvtrær, særlig eik, ask og lind. Utbredt langs kysten fra Oslo til Ørland i Trøndelag.

Pertusaria leioplaca **Flatvortelav** × 3

Flatvortelav ligner hinnevortelav, men har tynnere tallus som er C–. Tallusvortene er også gjennomgående lavere, og sporesekkene har som regel bare 4 sporer, mens hinnevortelav har 8 sporer. På løvtrær med glatt bark. Utbredt i kyst- og fjordstrøk fra Østfold til Finnmark. Sjelden i innlandet.

Pertusaria oculata **Øyevortelav** × 5

Tallus overveiende grått til gråhvitt med karakteristiske sylindriske, fingeraktige isidier som har mørke spisser. Fruktlegemer svarte, med talluskant, opptil 3 mm i diameter. Oftest over moser og døde planterester på næringsfattig grunn i fjellet. Utbredt fra Rogaland til Finnmark. Mangler lengst sør og sørøst.

Pertusaria pertusa **Putevortelav** × 10

Tallus ganske tykt og ruglete, grått til grågrønt, med velutvikla, opptil 2,5 mm breie puteaktige vorter. Fruktlegemer gruppevis, oftest 4–7 sammen, innsenka i tallusvorter, med små punktforma, svarte munninger som er synlige på overflata. Oftest på løvtrær. Utbredt langs kysten fra Østfold til Finnmark. Sjelden nord for Trøndelag.

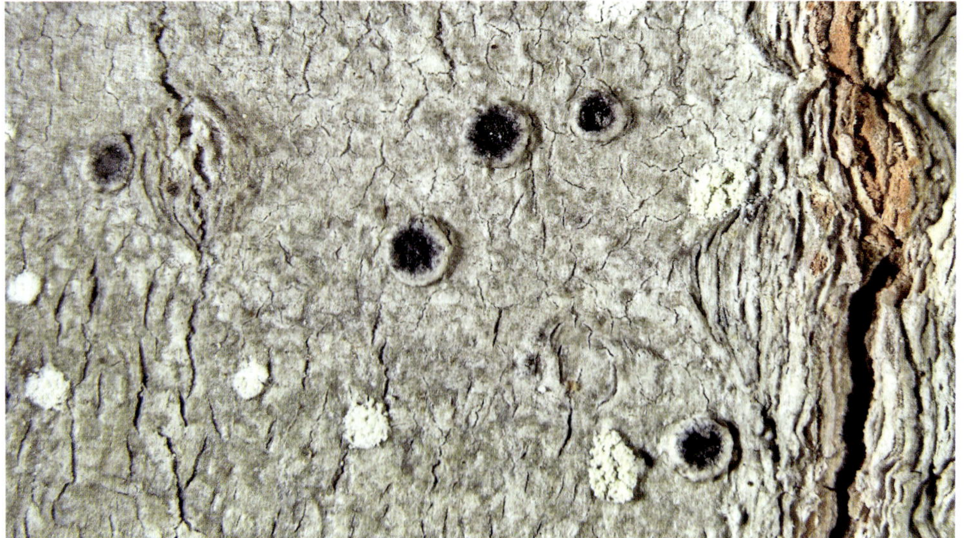

Pertusaria pupillaris **Orevortelav** × 10

Tallus skorpeforma, gråhvitt til mørkt grått, sammenhengende, i rosetter opptil 1 dm i diameter. Alltid med hvite, opptil 1,5 mm breie, velavgrensa, flate soral med fine soredier. Fruktlegemer ikke uvanlige, opptil 1 mm breie, med talluskant og svart skive. Oftest på løvtrær med glatt bark, særlig bjørk og gråor. Utbredt i hele landet, men sparsom i innlandet og lengst nord.

Varicellaria hemisphaerica **Stor snøballav** × 3

Tallus skorpeforma, sølvgrått, ofte med blåaktig anstrøk, i opptil 1 dm breie rosetter. Soral halvkuleforma, oftest adskilte, gråhvite til grågrønne med grove soredier som reagerer C+ blodrødt (lecanorsyre). Fruktlegemer ikke kjent. Oftest på løvtrær, men også på gran og einer. Utbredt i kyst og fjordstrøk fra Østfold til Brønnøy i Nordland. Sjelden i innlandet.

Varicellaria rhodocarpa **Rosa snøballav** × 4

Tallus skorpeforma, uregelmessig utbredt eller i rosetter, gråhvitt til grått. Soral hvite, gråaktige til kremgule, ofte sammenflytende og kan dekke hele tallus, UV+ gule. Fruktlegemer innsenka i tallusvorter, med bleikrød skive, oftest lite synlig. På bark og ved av løvtrær og bartrær, oftest i fjellnær skog og heiområder. Utbredt i innlandet fra Telemark til Finnmark.

Pyrenula occidentalis **Gul pærelav** × 2

Tallus skorpeforma, gulaktig til gulbrunt som ungt, seinere også med rødbrune flekker som reagerer UV+ gullgult. Fruktlegemer tallrike, svarte, opptil 0,7 mm breie, kjegleforma. Sporer 3-septerte, mørkt brune som modne. På løvtrær med glatt bark, ofte hassel og rogn. Utbredt langs kysten fra Rogaland til Bjugn i Sør-Trøndelag. **Sølvpærelav** *P. laevigata* ligner, men har gråhvitt tallus og bare halvparten så store fruktlegemer.

Catolechia wahlenbergii **Dronninglav** × 5

Dronninglav kjennes lett igjen på sitt gullgule skjell- til bladforma tallus som oftest har radiære folder. Fruktlegemer skiveforma, svarte, opptil 2 mm i diameter, mellom tallusskjellene. På erodert jord, ofte i små sprekker på berg og klipper i fjellet. Utbredt fra Rogaland til Finnmark.

Rhizocarpon badioatrum **Brunsvart kartlav** × 7

Tallus brunt til brunsvart, oppsprukket i areoler. Hypotallus velutvikla, svart, synlig langs kanten av tallus og mellom areolene. Fruktlegemer svarte, opptil 1,5 mm i diameter. Sporer mørke, 1-septerte. På eksponerte silikatberg, særlig i fjellet. Utbredt i store deler av landet fra Agder til Finnmark.

Rhizocarpon geminatum **Tvillingkartlav** × 8

Tallus av spredte eller tettsittende, som regel konvekse areoler. Farge gjennomgående grå til lyst gråbrun. Fruktlegemer svarte, ofte med tykk kant, opptil 1 mm i diameter. Sporesekkene har kun 2 sporer som er ganske store, mørke og murforma. På silikatberg, ofte langs ferskvannsstrender, også soleksponert i fjellet. Utbredt i store deler av landet, men sjelden lengst sør.

Rhizocarpon geographicum **Vanlig kartlav** × 1

Tallus skorpeforma, variabelt, opptil 15 cm i diameter, oppdelt i areoler, gulgrønt til gult med markert svart randsone ytterst. Fruktlegemer skiveforma, svarte, opptil 1,5 mm i diameter. Sporer brune, murforma. På sure bergarter. Utbredt i hele landet. Vanlig. Flere nærstående arter.

Rhizocarpon grande **Klippekartlav** × 6

Tallus oppdelt i mer eller mindre halvkuleforma, grå til brunaktige, opptil 2 mm breie areoler, C+ røde (gyroforsyre). Fruktlegemer svarte, flate til konvekse, opptil 2 mm i diameter. Sporer mørke, murforma. På sure bergarter, ofte overhengende bergvegger. Utbredt fra Oslo til Finnmark. Vanligst i fjellet.

Rhizocarpon inarense **Lappkartlav** × 8

Tallus av spredte til tettsittende, gulhvite, flate til svakt konvekse areoler. Hypotallus velutvikla, svart, synlig mellom areolene. Marg K+ rød (norstictinsyre). Fruktlegemer svarte, konvekse, opptil 1 mm i diameter. Sporer mørke, 1-septerte. På eksponerte berg i fjellet. Utbredt fra Telemark til Finnmark.

Rhizocarpon lavatum **Bekkekartlav** × 6

Tallus skorpeforma, opptil 10 cm i diameter, oppdelt i areoler, gråbrunt til bleikt rødbrunt, matt. Fruktlegemer skiveforma, flate, svarte, opptil 1,5 mm i diameter. Sporer fargeløse, murforma. På sure bergarter, ofte på steder som periodevis oversvømmes, som ved bekker, elver og innsjøstrender. Utbredt i hele landet, men sjelden i innlandet.

Rhizocarpon lecanorinum **Taksteinkartlav** × 5

Tallus oppdelt i runde til halvmåneforma, gule til gulgrønne areoler. Hypotallus svart, synlig mellom areolene. Fruktlegemer svarte, opptil 1 mm breie, etter hvert kragelignende omsluttet av areolene. Sporer mørke, murforma. Ofte i kulturlandskapet på steinblokker og menneskeskapte voksesteder som skifertak og murer. Utbredt i lavlandet fra Østfold til Meløy i Nordland. Sjelden i fjellet.

Rhizocarpon petraeum **Ringkartlav** × 2

Tallus skorpeforma, sammenhengende og ruglete eller oppdelt i areoler, gråhvitt til grått. Fruktlegemer svarte, opptil 1,5 mm i diameter, ofte i konsentriske ringer. Sporer murforma, fargeløse, men kan bli mørke seint i modningsfasen. På silikatberg og kalkrike bergarter. Spredt i store deler av landet.

Rhizocarpon umbilicatum **Kalkkartlav** × 8

Tallus kritthvitt til blågrått, varierende i tykkelse, ofte noe oppsprukket. Fruktlegemer blåsvarte og halvveis innsenka, ofte med tykk kant dekket av et rimaktig belegg, opptil 2 mm i diameter. Sporer murforma, fargeløse, betydelig mindre enn hos ringkartlav. På kalkrike bergarter. Spredt fra Oslo til Finnmark.

Sporastatia testudinea **Vifteklettlav** × 3

Tallus danner rosetter som er oppsprukket i areoler, gråbrunt til mørkebrunt. Areolene langs kanten er radiært forlenga og delvis vifteforma. Fruktlegemer tallrike, svarte, opptil 1 mm breie, innsenka i tallus. Sporesekkene har over 100 små, kulerunde sporer. På eksponerte silikatberg. Spredt i fjellet fra Telemark til Finnmark.

Toensbergia geminipara **Kuleskrinnlav** × 3

Tallus skorpeforma, gråhvitt til gulaktig, med gryn og papiller som kan danne hodesoral i spissene. Soredier grove. Tallus blir rosa (alectorialsyre) etter en tids lagring i herbariet. Fruktlegemer sjeldne, opptil 3 mm breie, med svart skive og talluskant. Sporesekker med to sporer. Over moser og planterester på marka og på død ved. Utbredt fra Telemark til Finnmark. Mangler på Sør- og Vestlandet.

Schaereria corticola **Barknarrelav** × 15

Tallus oftest tynt, sjelden tykt og oppsprukket, grått til gråbrunt. Soral små, vorteforma, middels til mørkt brune, C+ røde (gyroforsyre). Fruktlegemer svarte, opptil 0,3 mm breie, med enkle, fargeløse, nesten runde sporer. På løvtrær med glatt bark, særlig gråor, men også på grankvister og einer. Utbredt i kyst og fjordstrøk fra Oslo-området til Finnmark.

Schaereria fuscocinerea **Klippenarrelav** × 4

Tallus skorpeforma, oppsprukket i areoler, grått til gråbrunt, C+ rødt (gyroforsyre). Hypotallus svart, som regel synlig langs kanten og mellom areolene. Fruktlegemer tallrike, svarte, innsenka i tallus-areoler, som regel med konkav skive, opptil 0,7 mm i diameter. På harde silikatbergarter. Utbredt i hele landet, men vanligst i fjellet.

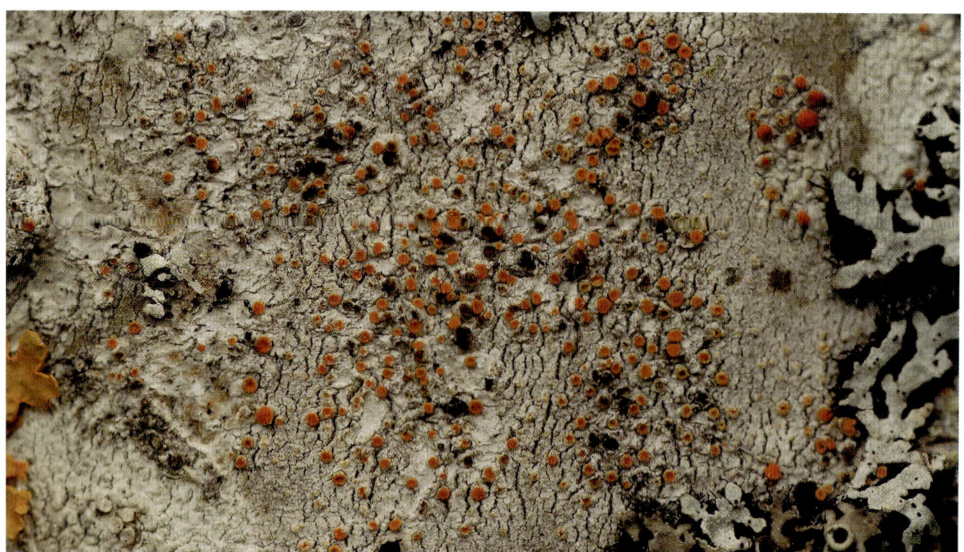

Athallia holocarpa **Dvergoransjelav** × 3

Tallus tynt, delvis innsenka i substratet, grått til grågult. Fruktlegemer tallrike, med oransje skive og noe lysere kant, opptil 0,5 mm breie. Pionérart på trær og busker med rik bark, særlig på unge ospetrær. Forekommer også på død ved og på mer eller mindre kalkrik stein. Utbredt i store deler av landet.

Athallia scopularis **Knausoransjelav** × 4

Tallus av opptil 3 cm breie rosetter med velavgrensa, konvekse kantlober, oransjegult. Fruktlegemer tallrike, tettsittende, opptil 1,5 mm breie, med oransje skive. På strandberg, særlig på steder påvirka av fuglegjødsling. Spredt langs kysten i hele landet.

Blastenia relicta **Jernoransjelav** × 8

Jernoransjelav kjennes enklest på at fruktlegemene er rustrøde eller teglsteinsfarga med en tydelig bølget kant. Tallus bleikgrått til grågrønt, tynt og glatt, ofte utydelig. På løvtrær med glatt bark, ofte gråor og rogn. Mest i kyst- og fjordstrøk fra Østfold til Finnmark, sjelden i innlandet. **Bølgeoransjelav** *B. crenularia* er svært lik, men har kraftigere og noe mørkere tallus, mindre fruktlegemer og sporer, og vokser på stein.

Brigantiaea fuscolutea **Kanellav** × 4

Tallus gråhvitt, markert grovkorna eller vorteaktig. Fruktlegemer bleikt kanelfarga til mørkt guloransje, med tykk og ofte bølgete kant, opptil 4 mm i diameter. Sporer murforma, opptil 120 µm lange. Over moser og planterester, helst på kalkrik grunn. I fjellet fra Hordaland til Finnmark.

Bryoplaca jungermanniae **Rabbeoransjelav** × 4

Tallus gråhvitt, tynt og delvis innleira i substratet. Fruktlegemer tallrike, oransje til oransjebrune, med flat skive, opptil 1 mm i diameter, dekker ofte nesten hele tallus. På moser og døde planterester, helst på kalkrik grunn. Utbredt i fjellet fra Hardangervidda til Finnmark.

Bryoplaca sinapisperma **Sennepsfrølav** × 5

Tallus skorpeforma, noe kornete eller ruglete, gråhvitt. Fruktlegemer tallrike, etter hvert sterkt konvekse, rustrøde eller rustbrune til brunsvarte, opptil 0,8 mm i diameter. På moser og lav på kalkgrunn, for eksempel i reinroseheier og i kalkfuruskog. Utbredt i kalkområder i store deler av landet.

Calogaya decipiens **Festningslav** × 5

Festningslav danner opptil 3 cm breie, guloransje til rustfarga rosetter som gjerne flyter sammen. Overflata ofte pruinøs. Hodeforma soral på oversida av tallus og leppeforma soral i lobespissene. Fruktlegemer sjeldne. På kalkstein, murer og betong i kulturlandskapet. Utbredt i Oslofjord-området nord til Hamar. Sjelden på Sørvestlandet. Trondheim.

Calogaya pusilla **Kirkelav** × 10

Tallus av små, opptil 2 cm breie, guloransje rosetter, med tydelige kantlober og med rimaktig belegg på oversida. Fruktlegemer tallrike, opptil 1 mm breie, med oransjerød til rustrød skive og lysere kant. På kalkstein og murer i kulturlandskapet. Kjent fra Oslo-området nord til Mjøsa. Rødlisteart (VU – sårbar).

Caloplaca cerina **Gråkantet oransjelav** × 8

Tallus skorpeforma, gråhvitt, men av og til mørkere med blåaktig anstrøk, tynt og glatt. Fruktlegemer som regel tallrike, opptil 2 mm i diameter, med gul skive og markert, grå til gråsvart kant. Oftest på løvtrær og busker med rik bark, men også på moser og dødt plantemateriale. Utbredt i hele landet.

Caloplaca chlorina **Blågrå oransjelav** × 10

Tallus med sammenflytende, blågrå til grågrønne soral. Soredier som regel grove. Fruktlegemer okergule til guloransje med grågrønn, grynete kant, opptil 1 mm i diameter. På basis av grove løvtrestammer og på stein. Utbredt i mesteparten av landet nord til Finnmark, men vanligst i lavlandet i Sør-Norge.

Gyalolechia bracteata **Fjellsvovellav** × 2

Tallus av tettsittende, vorteaktige, gulhvite til bleikt guloransje areoler. Tydelige kantlober mangler. Ofte mer eller mindre putedannende. Fruktlegemer oftest tallrike, opptil 1,5 mm breie, med oransje skive og lys kant. Over moser og jord på kalkrik grunn. Utbredt i fjellet fra Hardangervidda til Finnmark. Sjelden i lavlandet.

Gyalolechia flavorubescens **Ospeoransjelav** × 8

Tallus gråhvitt til bleikt oransjegult, glatt eller av og til svakt kornete. Fruktlegemer tallrike, oransjegule, med noe lysere kant, opptil 3 mm i diameter. På løvtrær med rik bark, særlig osp. Utbredt i hele landet.

Leproplaca cirrochroa **Ringoransjelav** × 2

Tallus danner opptil 2 cm breie, guloransje rosetter som dør bort fra sentrum slik at det oppstår ringer. Kantlober langsmale, fingeraktige, med tynn pruina. De indre delene av kantlobene med gullgule soral. Fruktlegemer sjeldne. Oftest på loddrette, kalkrike berg. Utbredt i Sør-Norge fra Telemark til Oppdal og Snåsa. Sjelden på Vestlandet. Rødlisteart (VU – sårbar).

Megalospora pachycarpa **Blåstikklav** × 5

Tallus skorpeforma, grågrønt eller grågult til gult, nesten helt dekket av soredier, i opptil 1 dm breie rosetter. Eldre eksemplarer i herbariet utvikler blåaktige krystallnåler (lupe!) på grunn av innhold av terpener. Fruktlegemer kastanjebrune, ikke kjent i norsk materiale. På styva asketrær og på eik og over moser på berg. Utbredt fra Rogaland til Møre og Romsdal. Rødlisteart (EN – sterkt trua).

Fuscidea arboricola **Bjørkerandlav** × 10

Tallus hos randlavene har en karakteristisk brunsvart randsone langs kanten. Hos bjørkerandlaven er tallus olivengrønt til brunaktig, ofte rosettforma og ruglete. Tallusvorter med gulgrønne til brungule soral som reagerer PD+ rødt (fumarprotocetrarsyre). Fruktlegemer sjeldne, brunsvarte med bølget kant, opptil 1 mm i diameter. Oftest på løvtrær med fattig bark, mer sjelden på gran. Utbredt i kyst- og fjordstrøk fra Østfold til Troms. Flere nærstående arter.

Fuscidea cyathoides **Klipperandlav** × 8

Tallus grått til gråbrunt, tykt og ruglete eller tynnere og forholdsvis glatt. Fruktlegemer som regel tallrike, brunsvarte med brunaktig, bølget kant, opptil 2 mm i diameter. På sure klipper eller på løvtrær med fattig bark. Utbredt i kyst- og fjordstrøk fra Østfold til Lofoten.

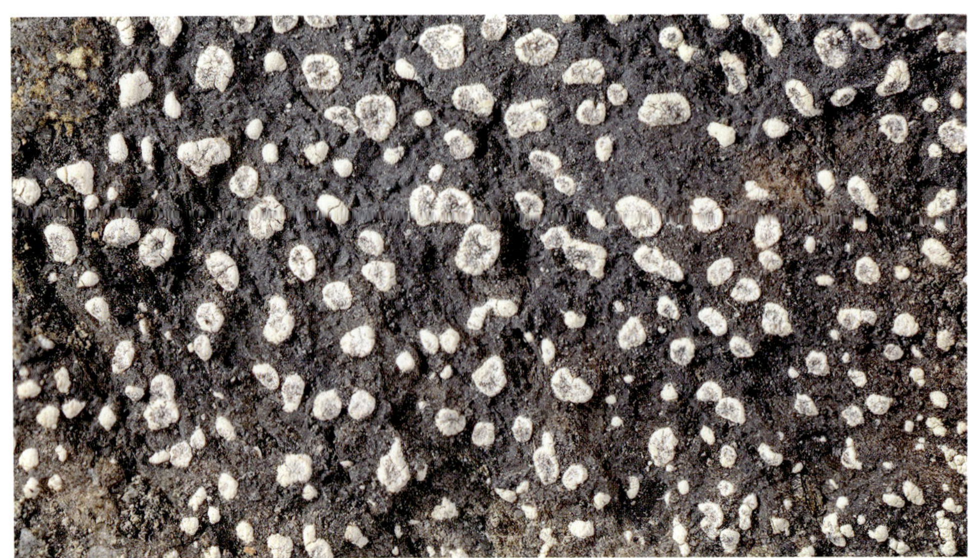

Fuscidea gothoburgensis **Flekkrandlav** × 3

Tallus av spredtstilte, grå til gråhvite areoler på et skorpeforma, tynt, brunsvart protallus. Areoler flate til svakt konvekse med gråsvarte, UV+ blåhvite soral. Fruktlegemer sjeldne, brunsvarte med tydelig kant. På vertikale til overhengende bergvegger. Utbredt mest i kyst og fjordstrøk fra Østfold til Finnmark. Spredt i innlandet.

Fuscidea kochiana **Kystrandlav** × 3

Tallus skorpeforma, grått, av og til brunaktig, oppsprukket, og omgitt av en tydelig mørk stripe fra det underliggende protalluset. Marg UV+. Soredier mangler. Fruktlegemer vanlige, innsenka i tallus, opptil 2 mm breie, med brunsvart, uregelmessig og ofte kantete skive. På eksponerte berg. Utbredt langs kysten fra Oslofjorden til Stad, spredt videre nordover til Lofoten.

Orphniospora moriopsis **Tjærelav** × 8

Tallus skorpeforma, brunsvart til svart, ruteaktig oppsprukket i areoler. Hypotallus svart, mellom areolene og langs kanten. Fruktlegemer tallrike, svarte, konvekse, opptil 1 mm breie. De 1-septerte sporene blir etter hvert mørke og har en karakteristisk fortykkelse av veggen rundt midten. På harde silikatbergarter. Utbredt i hele landet, særlig i fjellet.

Hypocenomyce scalaris **Melskjell** × 8

Tallus av matte, grågrønne til brune, konvekse, delvis utstående, mer eller mindre taklagte skjell med tydelig soredìøs kant. Marg C+ rød (lecanorsyre). Fruktlegemer forholdsvis sjeldne, flate, blåsvarte, opptil 2 mm breie. På død ved, særlig avbarka høgstubber av furu, og gamle trær. Tåler luftforurensning og kan derfor være vanlig på trær i urbane områder. Utbredt i hele landet.

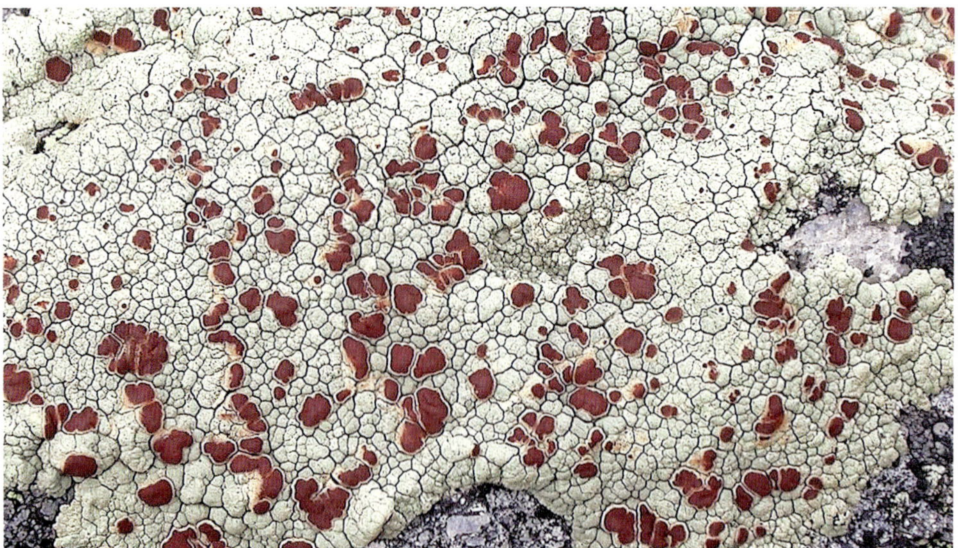

Ophioparma ventosa **Fokklav** × 4

Tallus skorpeforma, velutvikla og tykt, som regel med ruglete og delvis oppsprukket overflate, grågrønt til gulaktig. Fruktlegemer skiveforma, røde til brunrøde med lysere kant. På sure bergarter, oftest på vindblåste rabber i fjellet, men også i lavlandet. Utbredt i hele landet. Vanlig.

Ropalospora lugubris **Dysterlav** × 7

Tallus skorpeforma, ganske tykt og oppsprukket, grått med varierende innslag av brunt. Fruktlegemer svarte, sittende, ofte med litt bølgete kant. Sporer svært karakteristiske, spolforma, fargeløse, flersepterte og med en lang utdratt spiss i den ene enden. På silikatberg. Spredt i store deler av landet fra Telemark til Finnmark. Mangler lengst sør.

Xylopsora friesii **Tyriskjell** × 10

Tallus av tiltrykte, sjelden svakt oppstigende, opptil 2 mm breie, gråbrune til mørkebrune, glinsende skjell. Fruktlegemer tallrike, skiveforma, flate, ofte med en markert bølget kant. Oftest på død ved med brannmerker, særlig høgstubber av furu og gran, men også på løvved og levende trær. Utbredt i hele landet, men vanligst i innlandet.

Hydropunctaria maura **Marebek** × 0,5

Tallus skorpeforma, forholdsvis tynt, kullsvart, sammenhengende eller ruteaktig oppsprukket. Fruktlegemer små, svarte, vorteaktige perithecier som er halvveis innsenka i tallus. På strandberg, særlig på litt beskytta, nordvendte, vertikale berg og skråflater. Danner en markert sone rett ovenfor flomålet. Utbredt langs hele kysten, også inn i fjordene.

Henrica theleodes **Svarttopplav** × 15

Tallus gråhvitt, av små, vorteaktige gryn som utvikler seg til flate, spredtstilte, opptil 3 mm breie areoler med småbølga kant. Areolene kan flyte sammen. Fruktlegemer perithecier, svarte, opptil 0,7 mm breie, med basaldelen delvis nedsenka i tallus. Sporer mellombrune, murforma. På kalkrike berg som periodevis oversvømmes, langs bekker, elver og innsjøer. Spredt i fjellnære områder fra Rogaland til Finnmark.

Sporodictyon schaererianum **Sukkertopplav** × 15

Sukkertopplav kan forveksles med svarttopplav, men skilles på at den har et mer velutvikla, tykt og ruglete, sammenhengende tallus. Peritheciene blir dessuten ofte omsluttet av deler av tallus slik at bare spissene og poreåpningene er synlige, samt at sporene er mørkebrune, generelt breiere og ellipsoide. Økologi og utbredelse som hos svarttopplav.

Lichenomphalia hudsoniana **Lavnavlesopp** × 4

Tallus av grågrønne, ofte svakt konkave, opptil 3 mm breie skjell, som sitter mer eller mindre tett sammen. Fruktlegemet er en okergul skivesopp som blir opptil 3 cm høy. Hatten sjelden over 2 cm i diameter. På humusrik jord og over torvmoser. Utbredt i hele landet, særlig i fjellnære områder. Lavtalluset og fruktlegemet ble tidligere oppfattet som tilhørende separate arter.

Lichenomphalia umbellifera **Torvnavlesopp** × 4

Tallus består av blanke, nesten gjennomskinnelige, mørkt grønne, bittesmå gryn som sitter tett sammen. Fruktlegemer av samme type og størrelse som hos lavnavlesopp, men ofte mer gulbrune, særlig som unge, seinere stråfarget til gråhvite. På fuktig, humusrik jord, ofte i myrer. Utbredt i hele landet. **Kantarellnavlesopp** *L. alpina* har samme type tallus, men har kantarellfarga fruktlegemer.

Lavboende sopp

Abrothallus parmeliarum **Fargelavknurp** × 25

Fargelavknurp danner grønnaktige, opptil 0,4 mm breie fruktlegemer på tallus av bl.a. grå fargelav og bristlav. Sporer 1-septerte, mørke. Spredte funn i det meste av landet. **Papirlavknurp** *A. cetrariae* er svært lik, men forårsaker dannelse av galler på papirlav og skrukkelav. Fruktlegemene utvikles på utsida av gallene. Utbredt i hele landet.

Abrothallus usneae **Strylavknurp** × 28

Strylavknurp har lignende fruktlegemer og sporer som fargelavknurp, men skilles på at den vokser på galler hos strylavarter. Gallene er i dette tilfellet forårsaket av en annen lavboende sopp. Kjent fra noen få funn i fuktig skog på Vestlandet.

Arthophacopsis parmeliarum **Fiolskorpe** × 8

Fiolskorpe danner flate til svakt konvekse, brunfiolette galler i overflata av tallus hos bl.a. grå fargelav og bristlav. Fruktlegemer små, innsenka i gallene. Utbredt i kyst- og fjordstrøk fra Hordaland til Troms.

Arthonia colombiana **Begerlavflekk** × 25

Begerlavflekk ligner vinflekklav *Arthonia vinosa*, se side 193, men skilles på at fruktlegemene er mye mindre, opptil 0,2 mm i diameter, og ved at den vokser på basalskjell og podetier av ulike arter i slekta begerlav *Cladonia*. Vertens tallus farges delvis guloransje omkring fruktlegemene. Utbredt langs kysten fra Hordaland til Nordland.

Arthonia farinacea **Ragglavflekk** × 30

Ragglavflekk kjennes på at den danner små, opptil 0,1 mm breie, svarte fruktlegemer på soralene av barkragg *Ramalina farinacea*. Sporer 1-septerte. Kjent fra noen få lokaliteter i Trøndelag.

Opegrapha anomea **Bitterlavkull** × 20

Bitterlavkull danner små, svarte fruktlegemer som opptrer i opptil 4 mm breie, runde, sammenvokste grupper på tallus av bitterlav *Lepra amara*. Vertens tallus er ofte noe misfarga rundt fruktlegemene. Sporer 3-septerte. Kjent fra boreal regnskog i Trøndelag.

Perigrapha superveniens **Bristlavgalle** × 14

Denne arten fører til dannelse av galler på tallus av bristlav *Parmelia sulcata*. Parasittens hymenium er synlig som svarte, punktforma eller tilnærma stjerneforma strukturer i toppen av gallene. Sporer 3-septerte. Kjent fra kystområder i Trøndelag og Nordland.

Plectocarpon lichenum **Lungeneverknapp** × 5

Lungeneverknapp danner velavgrensa, opptil 5 mm breie, svarte, knappforma galler på oversida av tallus hos lungenever *Lobaria pulmonaria*. Innvendig i gallene utvikles parasittens hymenium i separate rom. Gallene må ikke forveksles med lavens egne fruktlegemer, som er brune. Utbredt i kyst- og fjordstrøk fra Oslo-området til Narvik i Nordland. Sjelden i innlandet.

Llimoniella vinosa **Korkjekrukke** × 30

Korkjekrukke danner svarte, krukkeforma, opptil 0,5 mm breie, fruktlegemer på tallus av barkboende arter i slekta korkje *Ochrolechia*. Fruktlegemene inneholder ulike pigmenter som reagerer henholdsvis K+ purpur og K+ irrgrønt. Vertens tallus blir ofte farget guloransje rundt fruktlegemene. Sjelden art som er kjent fra Ringebu og Stor-Elvdal i sør til Røyrvik i Nord-Trøndelag.

Rhymbocarpus pertusariae **Vortelavprikk** × 30

Vortelavprikk kjennes på små svarte, runde, opptil 0,25 mm breie fruktlegemer med en pore i spissen. På tallus av fjellvortelav *Lepra panyrga* i alpine habitat. Kjent fra sentrale fjellstrøk i Sør-Norge og fra Troms og Finnmark.

Skyttea lecanorae **Kantlavskyttea** × 30

Kantlavskyttea kjennes på små, svarte, bredt urneforma, opptil 0,15 mm breie fruktlegemer med markerte striper og innoverbøyde tenner rundt åpningen. Vokser delvis innsenka i tallus og fruktlegemer på flere epifyttiske arter i slekta kantlav *Lecanora*. Utbredt langs kysten fra Rogaland til Nordland.

Sphaeropezia rhizocarpicola **Kartlavsprenger** × 30

Kartlavsprenger kjennes på svarte, runde, opptil 0,4 mm breie, fruktlegemer med trang åpning som utvider seg etter hvert. Sporer 3-septerte, fargeløse, ellipsoide. Fruktlegemene presser seg opp gjennom tallus hos vanlig kartlav *Rhizocarpon geographicum*. Kun kjent fra Trøndelag.

Unguiculariopsis manriquei **Skrubbeneverskål** × 30

Skrubbeneverskål danner skålforma, brune til oker, opptil 0,65 mm breie fruktlegemer med innbøyd kant og hårkrans. På undersida av tallus hos skrubbenever *Lobaria scrobiculata*. Verten blir ofte misfarga rundt infeksjonsstedet. Kjent fra boreal regnskog i Trøndelag og Nordland.

Unguiculariopsis thallophila **Kantlavskål** × 30

Kantlavskål danner svarte, krukke- til skålforma, opptil 0,4 mm breie, fruktlegemer med innoverbøyde hår langs kanten. På ulike arter i slekta kantlav *Lecanora*, særlig rimkantlav *L. carpinea*. Spredte funn fra Oslo til Nordland.

Illosporium carneum **Årenevervorte** × 7

Årenevervorte kjennes på konidiestadiet som opptrer som rosa til kjøttfarga, konvekse, sorallignende strukturer på tallus av arter i slekta årenever *Peltigera*. Konidier runde. Spredt fra indre Østlandet til Finnmark.

Nectriopsis lecanodes **Rosablemme** × 7

Rosablemme kjennes på bittesmå, finlodne, nesten runde, opptil 0,3 mm breie, hvitrosa til bleikt oransje, tettstående fruktlegemer med en pore i spissen. Fruktlegemene blir mer skålforma ved modning og tørke. Sporer 1-septerte, vortete. På tallus av arter i slektene neverlav *Lobaria*, vrengelav *Nephroma* og årenever *Peltigera*. Spredte funn fra Rogaland til Troms.

Lichenopuccinia poeltii **Fargelavknapp** × 25

Fargelavknapp kjennes på mange små, svarte, opptil 0,25 mm breie, konvekse, knappforma strukturer som ser ut som fruktlegemer, men som i virkeligheten er soppens konidie-produserende organ. Konidiene er kølleforma, flercella og har tykk vegg. På tallus av grå fargelav *Parmelia saxatilis* og bristlav *P. sulcata*. Kjent fra kystområder fra Møre og Romsdal til Nordland.

Nesolechia oxyspora **Brunpanne** × 15

Brunpanne kjennes lett på sine rødbrune, opptil 0,3 mm breie fruktlegemer som vokser delvis nedsenka i tallus hos arter i slektene fargelav *Parmelia* og papirlav *Platismatia*. Av og til kan arten også forårsake galledannelse hos verten. Spredte funn i det meste av landet nord til Troms.

Phacopsis cephalodioides **Kvistlavskalle** × 10

Kvistlavskalle kjennes på mørkt brunlilla til svarte, opptil 1 mm breie, uregelmessige til runde fruktlegemer som vokser på tallus av arter i kvistlavslekta *Hypogymnia*, særlig kulekvistlav *H. tubulosa*. Sporene er runde. Kjent fra boreal regnskog i Trøndelag og Nordland.

Phacopsis vulpicidae **Einerlavskalle** × 12

Einerlavskalle danner brune til brunsvarte, uregelmessige og sammenflytende fruktlegemer som sitter på rundaktige galler på einerlav *Vulpicida juniperinus*. Utbredt i store deler av landet. Trolig ganske vanlig.

Cyphobasidium hypogymniicola **Kvistlavrugl** × 10

Kvistlavrugl fører til dannelse av mer eller mindre koralloide galler på tallus av vanlig kvistlav *Hypogymnia physodes*. Kan også opptre på andre arter i kvistlav-slekta. Basidier med sporer dannes på utsida av gallene. Utbredt fra Hordaland til Troms.

Tremella coppinsii **Papirlavpute** × 10

Papirlavpute danner konvekse, puteforma, opptil 1 mm breie, rødoransje galler på oversida av tallus hos vanlig papirlav *Platismatia glauca*. På utsida av gallene dannes basidier med runde sporer. Stjerneforma konidier dannes i enden av hyfer. Utbredt i kyst- og fjordstrøk fra Oslo til Nordland.

Tremella cetrariellae **Skjerpepute** × 12

Skjerpepute danner brunsvarte, flate til konvekse, opptil 2 mm breie galler på tallus av snøskjerpe *Cetrariella delisei*. Hymeniet på utsida danner basidier med runde til bredt ellipsoide sporer. Spredte funn fra Agder til Finnmark, men trolig ganske vanlig i fjellet.

Tremella cetrariicola **Kruslavpute** × 8

Kruslavpute er svært lik skjerpepute, men vokser på tallus av kruslav *Tuckermanopsis chlorophylla*. Kjent fra barskog i Trøndelag til Gildeskål i Nordland.

Referanser

Sitert litteratur

Artsnavnebase 2023. http://www2.artsdatabanken.no/artsnavn

Direktoratet for Naturforvaltning 1999. Nasjonal rødliste for truete arter i Norge 1998. *DN-rapport 1999-3*: 1–161.

GBIF 2022. https://www.gbif.org/

Haugan, R., Holien, H., Hovind, A.A., Ihlen, P.G. & Timdal, E. 2021. Norsk rødliste for arter 2021. Lav («Lichenes»). Artsdatabanken. http://artsdatabanken.no/rodlisteforarter2021/Artsgruppene/lav

Holien, H. & Tønsberg, T. 1996. Boreal regnskog i Norge – habitatet for Trøndelagselementets lavarter. *Blyttia* 54: 155–175.

Kleiven, M. 1959. Studies on the xerophile vegetation in Northern Gudbrandsdalen, Norway. *Nytt Magasin for Botanikk* 7: 1–60.

Krog, H., Østhagen, H. & Tønsberg, T. 1994. *Lavflora. Norske busk- og bladlav*. 2. utg. Universitetsforlaget, Oslo.

Moberg, R. & Holmåsen, I. 1984. *Lavar. En fälthandbok*. Interpublishing, Stockholm.

Schöller, H. (red.) 1997. *Flechten. Geschichte, Biologie, Systematik, Ökologie, Naturschutz und kulturelle Bedeutung*. Kleine Senckenberg-Reihe Nr. 27, Frankfurt am Main.

Spribille, T., Tuovinen, V., Resl, P. et al. 2016. Basidiomycete yeasts in the cortex of ascomycete macrolichens. *Science* 353(6298): 488–492.

Torkelsen, A.E. 2021. *Vakre farger fra naturen. Farging med sopp og lav*. Kolofon Forlag AS, Oslo.

Tønsberg, T., Gauslaa, Y., Haugan, R., Holien, H. & Timdal, E. 1996. The threatened macrolichens of Norway – 1995. *Sommerfeltia 23*: 1–258.

Westberg, M., Moberg, R., Myrdal, M., Nordin, A. & Ekman, S. 2021. *Santesson's Checklist of Fennoscandian Lichen-Forming and Lichenicolous Fungi*. Uppsala University, Museum of Evolution.

Wirth, V. 1995. *Die Flechten Baden-Württembergs*. Ulmer, Stuttgart.

Annen relevant litteratur om lav

Ahti, T., Jørgensen, P.M., Kristinsson, H., Moberg, R., Søchting, U. & Thor, G. (red.) 1999. *Nordic Lichen Flora Vol. 1. Introductory parts. Calicioid lichens and fungi*. Bohuslän '5, Uddevalla.

Ahti, T., Jørgensen, P.M., Kristinsson, H., Moberg, R., Søchting, U. & Thor, G. (red.) 2002. *Nordic Lichen Flora Vol. 2. Physciaceae*. TH-tryck AB, Uddevalla.

Ahti, T., Jørgensen, P.M., Kristinsson, H., Moberg, R., Søchting, U. & Thor, G. (red.) 2007. *Nordic Lichen Flora Vol. 3. Cyanolichens*. Museum of Evolution, Uppsala University.

Ahti, T., Stenroos, S. & Moberg, R. (red.) 2013. *Nordic Lichen Flora Vol. 5. Cladoniaceae.* Museum of Evolution, Uppsala University.

Brodo, I.M., Sharnoff, S.D. & Sharnoff, S. 2001. *Lichens of North America.* Yale University Press, New Haven & London.

Diederich, P., Millanes, A.M., Wedin, M. & Lawrey, J.D. 2022. *Flora of lichenicolous fungi, Vol 1, Basidiomycota* (s. 351). National Museum of Natural History, Luxembourg.

Dobson, F.S. 2018. *Lichens. An Illustrated Guide to the British and Irish Species.* 7. utg. Richmond Publishing, England.

Foucard, T. 2001. *Svenska skorplavar och svampar som växer på dem.* Interpublishing, Stockholm.

Gilbert, O. 2000. *Lichens. The New Naturalist Library.* Harper Collins Publishers, London.

Gilbert, O. 2004. *The lichen hunters.* The Book Guild Ltd, Sussex.

Hawksworth, D.L. & Hill, D.J. 1984. *The lichen-forming fungi.* Blackie, Glasgow.

Lynge, B. 1921. Studies on the lichen flora of Norway. *Videnskabsselsk. Skr. 1. Mat.-Nat. Kl. 1921- (7)*: 1–252.

Moberg, R. & Hultengren, S. 2016. *Lavar. En fältguide.* Naturcentrum AB, Stenungsund & Uppsala.

Moberg, R., Tibell, S. & Tibell, L. (red.) 2017. *Nordic Lichen Flora Vol. 6. Verrucariaceae 1.* Museum of Evolution, Uppsala University.

Nash III, T.H. (red.) 2008. *Lichen biology.* 6. utg. Cambridge University Press, Cambridge.

Nitare, J. 2020. *Skyddsvärd skog. Naturvårdsarter och andra kriterier för naturvärdsbedömning.* Skogsstyrelsen, Jönköping.

Purvis, W. 2000. *Lichens.* Natural History Museum, London.

Smith, C.W., Aptroot, A., Coppins, B.J., Fletcher, A., Gilbert, O.L., James, P.W. & Wolseley, P.A. (red.) 2009. *The lichens of Great Britain and Ireland.* British Lichen Society. Natural History Museum Publications, London. (Oppdaterte versjoner av flere artsgrupper finnes på British Lichen Society sin hjemmeside.)

Stenroos, S., Velmala, S., Pykälä, J. & Ahti, T. (red.) 2016. *Lichens of Finland. Norrlinia* 30: 1–896. Finnish Museum of Natural History LUOMUS, University of Helsinki, Finland.

Søchting, U. 2017. *Lav i klit og hede. De danske rensdyr- og bægerlaver og deres følgearter.* Biologisk Forening for Nordvestjylland, Thisted.

Thell, A. & Moberg, R. (red.) 2011. *Nordic Lichen Flora Vol. 4. Parmeliaceae.* Museum of Evolution, Uppsala University.

Wirth, V., Hauck, M. & Schultz, M. 2013. *Die Flechten Deutschlands.* Ulmer, Stuttgart.

Nettsteder

http://www.artskart.artsdatabanken.no
http://artsdatabanken.no/lister/rodlistearter/2021
http://www.artsdatabanken.no/arter-pa-nett
http://www.nhm2.uio.no/lav/web/index.html
http://www.britishlichensociety.org.uk
http://abls.org

Ordliste

apothecium – skål-, eller skiveforma fruktlegeme med åpent (eksponert) hymenium
areolert – beskriver et skorpeforma tallus som er oppdelt i mer eller mindre avgrensa deler (areoler), dels brukt om adskilte areoler på et protallus og dels om sammenhengende skorper som sekundært har sprukket opp
ascosporer – sporer produsert kjønnet, i sporesekker (asci) i fruktlegemer
ascus (fl. asci) – sporesekk, finnes i hymeniet i fruktlegemer
barkporer – lyse flekker på lavtallus der margen trenger gjennom barken, lufteporer hvor gassutvekslinga kan skje
basidier – kølleforma celler hos stilksporesopper *Basidiomycota* som produserer sporer eksternt på små stilker
biomonitor – organisme som kan brukes til å overvåke «helsetilstanden» i miljøet
cefalodier – kolonier av blågrønnalger hos lav som har grønnalger som hovedalgekomponent, kan sitte utvendig eller innvendig
cilier – trådformete utvekster uten festefunksjon
cyfeller – spesiell type, sterkt konkave barkporer hos porelav *Sticta*
diasporer – generelt begrep som kan brukes om alle typer spredningsenheter enten de er produsert kjønnet eller ukjønnet
efemer – om lav med svært kort livssyklus
epifytter – betegnelse for lav som vokser på trær og busker
epithecium – øvre del av hymeniet med parafyseendene, ofte farget
excipulum – kanten som omgir hymeniet i et fruktlegeme
fotobiont – algekomponenten i et lavtallus
fotosymbiodem – dobbelt lavtallus, lav med både grønne og blågrønne lober (greiner)
fyllokladier – de fotosyntetiserende utvekstene hos saltlav *Stereocaulon*
generalist – art som kan vokse under svært ulike forhold både med hensyn til klima og substrat, i motsetning til en spesialist
heteromer – brukes om lav der algen er organisert i et eget sjikt
homeomer – brukes om lav der algen ligger spredt rundt i hele tallus
hymenium – sporeproduserende lag i fruktlegemer med sporesekker (asci) og parafyser, som regel innleiret i en gelatinøs substans
hypotallus – spesiell type tallus som det egentlige lavtalluset ligger på – består kun av sopphyfer som kan være blåfarget – best utviklet hos filtlavene
hypothecium – et sjikt like under hymeniet og subhymeniet i et apothecium, ofte farga
isidier – barkkledde utvekster som kan fungere som spredningsenheter
konidier – soppsporer produsert ukjønnet, ved avsnøring av hyfeender
konsoredier – sammensatte soredier, klumper av soredier som utgjør egne diasporer
konvergens – uttrykk som beskriver at arter gjennom evolusjonen har utviklet lignende bygningstrekk som tilpasning til et likarta miljø uten at de er nært beslekta
leprøs – om tallus der overflaten, noen ganger hele laven, er fullstendig sorediøs

likenometri – datering av for eksempel isavsmelting ved hjelp av studier av lavfloraen
lobe – innskåret avsnitt av en bladlav
murformet – om sporer som har både tverrvegger og langsgående skillevegger
mykobiont – soppkomponenten i et lavtallus
parafyser – sterile hyfer som omgir sporesekkene i hymeniet
perifyser – parafyselignende hyfer i munningen av et perithecium
perithecium – pære- eller flaskeforma fruktlegeme med innelukket hymenium
podetium – den opprette, begerforma, sylforma eller buskaktig forgreina delen av tallus hos begerlav *Cladonia* – utviklingsmessig å betrakte som fruktlegemets stilk
protallus – tallus av sopphyfer (alger mangler) på utsida av det egentlig tallus, ofte svart, brunt, blått eller hvitt, særlig mellom og rundt areolene hos skorpelav
pruina – rimaktig belegg på overflata av tallus og fruktlegemer, kan være hvit, gul eller rustfarget
pruinøs – med pruina på tallus og/eller fruktlegemer
pseudocyfeller – se barkporer
pseudopodetium – den opprette delen av tallus hos kolvelav *Pilophorus* og saltlav *Stereocaulon*
pyknidier – flaskeforma organ for produksjon av konidier
rhiziner – festetråder på undersiden av tallus hos bladlav
soral – områder på lavtallus for produksjon av soredier
septum (fl. septa) - tverrvegg i sporer
soredier – vegetative spredningsenheter, små korn som inneholder både sopphyfer og algeceller (se også konsoredier)
spermatier – brukes om konidier som kan inngå i en kjønna reproduksjonsprosess
squarrøs – sprikende, om festetråder med en markert hovedakse med mange små tverrtråder
subhymenium – sjikt mellom hymeniet og hypotheciet i et apothecium
symbiose – samliv mellom to eller flere organismer som er til fordel for alle parter
tallokonidier – spesiell type konidier som produseres på undersiden av noen arter av navlelav *Umbilicaria*
tallus – lavkroppen, dvs. lavens vegetative del

Betydningen av artsepitetene

abietina – som vokser på gran
absistens – avvikende
acetabulum – skålforma
achariana – etter den svenske botanikeren og lichenologen Erik Acharius (1757–1819)
aculeata – med tagger
acuminata – som ender i en spiss
adaequatum – jamstilt
adscendens – oppstigende
affinis – nært beslekta
afrorevoluta – den «afrikanske revoluta» – ligner *Hypotrachyna revoluta*
agelaea – uklar opprinnelse, navnet brukt av Acharius
ahlneri – etter den svenske lichenologen S. Ahlner (1905–1991)
aipolia – som vokser i nærheten av beiteområde for geiter
aipospila – flekkete, store flekker
albella (-escens) – hvit, hvitaktig
albociliatum – med hvite hår
alboflavescens – gulhvit
aleurites – ligner hvetemel
allophana – annerledes
alpicola – som vokser i fjellet
alpina (-um) (-us) – som vokser i fjellet
alutaceum – som semsket skinn
amabilis – elskelig
amara – bitter
amaurocraea – med mørke spisser
ambigua – uklar, tvilsom
americana – amerikansk
amplissima – svært stor
andrejevii – etter den russiske botanikeren V.N. Andrejev (1907–1997)
androgyna – tvekjønna, hermafroditt
anomea – uregelmessig, avvikende
anthracophila – som vokser på brent ved, kull
aphthosa – med after (vortete)
arboricola – som vokser på trær
arbuscula – som et lite tre
arctica (-um) – arktisk
arenarium – som vokser på sand
argena – sølvfarga
argentata – sølvfarga
armeniaca – aprikosfarga
arnoldii (-iana) – etter den tyske lichenologen F. Arnold (1828–1901)
asterella – stjerneforma
atlantica – atlantisk
atrata – mørk, sverta
atrofulva – mørkt rødgul, svartbrun
atrofusca – svart, mørknende
aureola – gyllen, helgenglorie
austerodes – dyster, mørk
bachmanianum – etter den amerikanske mykologen F.M. Bachman (1907–1999)
badia – kastanjebrun
badioatrum – brunsvart
baeomyces – liten sopp
balanina – av sneglеslekta *Balanus*, som lever på havstrand
barbata – skjeggete
bellidiflora – med blomster som hos tusenfryd, *Bellis*
bellum – vakker
biatorina – med fruktlegemer som hos knopplav, *Biatora*
bicolor – tofarga
biforme – med to skikkelser
bispora – med to sporer i sporesekkene
bitteri – etter den tyske lichenologen G. Bitter (1873–1927)
borealis – nordlig
botrytes (-osa) – som ligner en drueklase
bracteata – overstrødd med bladgull
britannica – britisk

brodoi – etter den kanadiske lichenologen Irwin M. Brodo (1935–)
brunneola – brunaktig
burgessii – etter den skotske presten J. Burgess (slutten av 1700-tallet)
caesia – blåaktig
caesioatra – blåsvart
calcarea – som vokser på kalk
calycioides – som ligner på et beger, blomsterbeger
canariensis – fra Kanariøyene
candelaria – som ligner lys
candidum – blendende hvit
canina – hundeaktig
caperata – rynkete
capillaris – hårlignende
cariosa – råtten, morken
carneoalbida – lyst kjøttfarga
carneola – kjøttfarga
carneum (-s) – kjøttfarga
carnosa – kjøttfull
carpinea – som vokser på agnbøk, *Carpinus*
cartilaginea – bruskaktig
cenotea – hul
centrifuga – som går ut fra sentrum
cephalodioides – som ligner hoder, *cephalus*
ceranisca – voksaktig
ceratites – hornaktig
cereolus – lyst voksgult
cerina – voksgul
cetrariae – som vokser på arter i slekta kruslav, *Cetraria*
cetrariellae – som vokser på snøskjerpe, *Cetrariella*
cetrariicola – som vokser på arter i slekta kruslav, *Cetraria*
cetrarioides – som ligner på kruslav, *Cetraria*
chlarotera – bleik gulgrønn
chlorina – gulgrønn
chlorophaea – mørkt grønn
chlorophanum – grønnaktig gul
chlorophylla – med grønne blad
christiansenii – etter den danske botanikeren Mogens Skytte Christiansen (1918–1996)
chrysantha – gullblomstra
chrysanthoides – som ligner gullblomster
chrysocephala – med gullhoder
chrysoleuca – hvitt med anstrøk av gull-gult
ciliaris (-ata) – med kantstilte hår (cilier)
cinerea – askegrå
cinereofusca – mørkt askegrått
cinereovirens – grågrønn
cinnabarina (-um) – sinnoberrød
circumborealis – rundt hele den nordlige halvkule
cirrochroa – av *cirrus* hårlokk eller frynse og *chro* hudfarget
citrina – sitrongul
citrinella – sitrongul
citrinescens – sitrongul
clausa – gjerde, munkecelle
clavulifera – som ligner på en nagle eller spiker
coarctata – sammentrengt
coccifera – skarlagensrød
coccodes – som ligner kermesbær, *Coccus*
cochleatum – som ligner et sneglehus
collina – fra bakker
colombiana – fra Colombia
commixta – av blanda herkomst (bastard)
complanata – avflata, utjevna
concolor – med samme farge
condensatum – sammentrykt
confinis – nærstående, som grenser til
confluens – sammenflytende
confusa – forvirrende
coniocraea – med meldekket topp
coniophaea – med brune kjegler
coniophyllum – som ligner på blad fra giftkjeks, *Conium*
conizaeoides – som støv
conoplea – dekket av gryn
conspersa – overstrødd
constipata – forstoppet
coppinsii – etter den skotske lichenologen Brian J. Coppins (1949–)
coralliza – korallforma
coriacea – som ligner lær, lærfarga
cornuta – med horn
coronata – med krans eller krone

corrugatum – rynkete
corticola – som vokser på bark
crenularia – med tanna kant
crinitum – langhåra
crispata – krusa
cristatum – kamforma
crocea (-us) – safrangul
crustulosa – tykk skorpe
cupreobadia – kopperfarga til kastanjebrun
curtisporum – med korte eller forkorta sporer
cuspidans (-ata) – med tynn, spiss tann
cyanescens – blåaktig
cyanoloma – med blåaktig frynsekant
cyathoides – begerlignende
cylindrica – sylindrisk
cyrtella – svakt konveks, sannsynligvis relatert til fruktlegemene
dactylina – som ligner fingrer
dactylophyllum – med fingerforma blad
dasopoga – raggete, som skjegget på hakepartiet
decipiens – bedragerisk
deformis – deformert
degelii – etter den svenske lichenologen G. Degelius (1903–1993)
delisei – etter den franske botanikeren D.F. Delise (1780–1841)
demissum – kortvokst
denigratum – svartnende, svertet
derivata – avleda
detersa – dårlig, svak
diamarta – uklar opprinnelse, navnet brukt av Acharius
digitata – som ligner fingrer
dilacerata – opprevet
dimidiata – delt i to, halv
disciforme (-is) – skiveforma
disjuncta – adskilt, som ligger fjernt fra hverandre
dispersa – spredt
disseminatus – utsådd, utbredd
dissimilis – ulik
distorta – forvridd
divaricata – utsperra
divergens – avvikende
diversa – mangfoldig
dubia – tvilsom
ecmocyna – uklar opprinnelse, navnet brukt av Acharius
efflorescens – blomstrende
elabens – den som slipper unna, avglemt
elaeochroma – olivenfarga
elatina – opphøyet, stolt
elegans – flott, vakkert
elisabethae – etter navnegiveren Gyelniks mor Elisabeth
enteroxantha – gulaktig innvendig
epibryon – som vokser på moser
epithallina – som vokser på lavtallus
ericetorum – som vokser i lyngmark
ernstiae – etter den tyske læreren Gisela Ernst (1928–2001)
erysiboides – rødbrun, rustfarga
esorediata – uten soredier
euploca – med tydelige folder, tvinna
exasperata – ruglet
exasperatula – svakt ruglet
expallidum – svært bleik
fagicola – som vokser på bøk, *Fagus*
fallax – falsk, bedragersk
farinacea – kornete
farinaria – kornete
fasciculare – i bunter
fastigiata – i jevnhøye knipper
fennica – fra Finland
ferruginea – rustfarga
fimbriata – frynsete
finkii – etter den amerikanske botanikeren B. Fink (1861–1927)
flabellosum – vifteforma
flaccidum – vissen, slapp
flammea – ildfarga
flavicunda – gulaktig
flavopunctata – med gule flekker
flavorubescens – gulrødaktig
flexuosa – som bukter seg, bølgete
floerkeana – etter den tyske botanikeren H.G. Floerke (1764–1825)
florida – rikblomstra (dvs. med mange fruktlegemer)

flotowii – etter den tyske botanikeren Julius von Flotow (1788–1856)
foveolaris – med groper (skålforma fruktlegemer)
fragilescens – som blir skjør
fragilis – skjør
fraudans – bedragerisk
fraxinea – som vokser på ask, *Fraxinus*
fremontii – etter den amerikanske obersten J.C. Fremont (1800-tallet)
friesii – etter den svenske botanikeren Th.M. Fries (1832–1913)
frigida – kjølig, som vokser i kalde områder
frustulosa – oppdelt i småstykker
fuliginosa – sotfarga
fuliginoides – som ligner på *fuliginosa*, sotfarga
fulva – rødgul til brungul
furcata – gaffeldelt
furcellata – fint gaffeldelt
furfuracea (-um) – ru
fuscescens – som blir brun
fuscoatra – svært mørk, svart
fuscocinerea – mørkt askegrått
fuscolutea – mørkt gulaktig
garovaglii – etter den italienske botanikeren Santo Garovaglio (1805–1882)
gelatinosum – geleaktig
gelida – iskald
geminatum – dobbelt, tvilling
geminipara – som føder tvillinger
gemmata – med knopper
geographicum – geografisk
glabra – glatt
glabratula – nesten glatt
glabrescens – som blir glatt
glareosum – som vokser på grus
glauca – blågrå
glaucellum – svakt blåaktig
glaucocarpa – med blåaktige fruktlegemer
globifera – kuleforma
globosus – kuleforma
globulosella – med små kuler
gothoburgensis – fra Göteborg i Sverige
gracilenta – som blir tynn
gracilis – tynn, slank
gracillima – svært tynn
grande – stor
granulosa – med små korn
griffithii – etter den britiske naturalisten J.E. Griffith (1843–1933)
griseovirens – blågrønn
grossa – tykk, grov
haematopus – med rødfarga stilk
hagenii – etter den tyske apotekeren C.G. Hagen (1749–1820)
hallii – etter den amerikanske naturalisten E. Hall (1852–1888)
hemisphaerica – forma som en halvkule
hepatizon – leverfarga
hibernicum – fra Irland, *Hibernia*
hirta – med grove hår
hispidula – med små tagger
holocarpa – med hele frukter
hookeri – etter den britiske botanikeren W.J. Hooker (1785–1865)
horizontalis – vannrett
hudsoniana – fra Hudson i Canada
hultenii – etter den svenske botanikeren E. Hultén (1894–1980)
hymenina (-ea) – hinnetynn
hyperborea – ekstremt nordlig
hyperopta – oversett
hypnorum – som vokser blant moser
hypogymniicola – som vokser på kvistlav, *Hypogymnia*
hypophaea – av *hypo* under og *phaeo* mørk, gråbrun (henspeiler på det mørke hypotheciet)
icmalea – trolig avleda av mannsnavnet Icmal (også brukt som stedsnavn i Tyrkia)
ignobilis – ukjent
ilicina – som vokser på kristtorn, *Ilex*
implexa – sammenfiltra
inarense – fra Inari i Nord-Finland
incana – gråhvit
incompta – uflidd, ukjemmet, ikke pyntet
incurva – innbøyd
incurvoides – bueforma

inquinans – uren, tilsølt
intestiniformis – som ligner på tarmer
intricata – sammenfiltra
intumescens – oppsvulmende
isidioides – med isidier
islandica – fra Island
jeckeri – etter den franske lavsamleren og løytnanten M. Jecker (1800-tallet)
jungermanniae – som vokser på arter i sleivmoseslekta *Jungermannia*
juniperinus – som vokser på einer, *Juniperus*
karelicum – fra Karelen i Finland
kochiana – etter den tyske botanikeren K.H. Koch (1809–1879)
kuemmerleana – etter den ungarske botanikeren J.B. Kümmerle (1876–1931)
lacustris – som vokser ved vatn
laevigata (-um) – glatt
lambii – etter den britiske lichenologen I.M. Lamb (1911–1983)
lapicida – steinhogger, vokser på stein
lapponica – fra Lappland
latiloba – med breie lober
lavatum – som vokser ved vatn
lecanodes – som ligner på kantlav, *Lecanora*
lecanorae – som vokser på kantlav, *Lecanora*
lecanorinum – som ligner på kantlav, *Lecanora*
leioplaca – med glatt tallus
lepadinum – som ligner andeskjell, *Lepas*
leprarioides – som ligner på mellav, *Lepraria*
leprosum – spedalsk (leprøs), brukes om skorpelaver der hele tallus, eller i det minste overflata, er helt sorediøs
leptacina – tynn, liten
leucopellaeus – som ligner hvit hud eller skinn
leucophlebia – med hvite årer
leucopoda – med hvite stilker
leucothallina – med hvitt tallus
lichenoides – som ligner en lav
lichenum – som vokser på lav
lignaria – som vokser på vedsubstrat
limbata – med markert kantsone
linita – bestrøket, overtrukket
lirellans – strekforma, stripete
lithophila – som vokser på stein
longissima – svært lang
loxodes – skeiv
lucida – glinsende, lysende
lugubris – sørgelig, dyster
lurida – askegrå, likbleik
luteum – gul
macilenta – mager, avmagra
macrocarpa – med store fruktlegemer
macrophylla – med store blad (skjell)
mahluensis – etter stedet Mahlu i Finland
manriquei – etter den spanske forskeren E. Manrique
marginatum – med tydelig kant
maura – svart
maxima – stor, viktig
mediterranea – fra Middelhavsområdet
melaleuca – svart og hvit
melanaspis – med svarte skjold
melanocarpum – med svarte fruktlegemer
melanophthalma – svarte øyne
melinodes – askefarga
membranacea – som ligner tynn hud
merochlorophaea – som delvis ligner pulverbrunbeger, *Cladonia chlorophaea*
mesomorpha – mellomform
micrococca – med små gryn
miniatum – mønjefarga
minuscula – nokså liten
misella – stakkarslig
mitis – mild (som smaker mildt)
mniaraea – som vokser på moser, *Mnium* s. lat.
modesta – beskjeden, måteholden
monachorum – fra München
monasteriense – fra Münster (Monasterium), kloster
moriopsis – som ligner morbær, *Morus*
mughicola – som vokser på buskfuru, *Pinus mugo*
multipuncta – med mange prikker
muralis – som vokser på murer
muricata – med pigger som på skallet av purpursnegl, *Murex*

myrinii – etter den svenske botanikeren C.G. Myrin (1803–1831)
myrmecina – som ligner maur
nadvornikiana – etter den tsjekkiske lichenologen J. Nadvornik (1906–1977)
neglecta – som blir oversett
neopolydactyla – den nye *polydactyla*, som ligner fingernever, *Peltigera polydactylon*
nigrescens – svartnende
nigricans – svartnende
nigrum – svart
nivalis – som tilhører snøen (vokser i fjellet)
normoerica – fra Nordmøre
norvegica (-um) – norsk
oakesiana – etter den amerikanske botanikeren A. Oakes (1874–1950)
obtusata – butt
occidentalis – vestlig
ocelliformis – som ligner øyne
ochrocheila – med gule lepper
ochrochlora – gulgrønn
ochrococca – med gule kuleforma strukturer
ochrolemma – med gulaktig overtrekk
ochroleuca (-um) – gulhvit
octospora – med åtte sporer i sporesekken
oculata – som er utstyrt med øyne
oleagina – som ligner oliven, *Olea*
olivacea – olivengrønn
olivetorum – som vokser på oliventrær
omphalarioides – som ligner på lavslekta *Omphalaria* (= *Thyrea*)
omphalodes – navlelignende
ophthalmiza – som ligner øyne
orbicularis – sirkelforma
orbillifera – ringforma
oregana – fra Oregon i USA
oreina – som vokser i fjellet
oroarctica – mot nord, nordlig
orvoi – etter den finske lichenologen Orvo Vitikainen (1940–)
oxyspora – med spisse sporer
pachycarpa – med tettsittende fruktlegemer
pachythallina – med tykt tallus
pacifica – fra Stillehavskysten
pallescens – bleik
pallida – bleik
panaeola – flerfarga
panyrga – som greier seg (trolig relatert til at arten vokser der hvor det er lite næring)
papillaria – med vorter
parallela – parallell
parasitica – parasittisk, som snylter
parella – av parelle, en fransk betegnelse for en farge
parietina – som vokser på vegger
parile – lik, ensarta
parmeliarum – som vokser på fargelav, *Parmelia*
parvula – svært liten
paschale – som ligner påskeris
pastillifera – som bærer pastiller (avflata utvekster)
pedicellatum – med korte skaft
peliocarpa – med blåsvarte fruktlegemer
pericleum – omsluttet eller innelukka (trolig relatert til at fruktene er omgitt av en hvit kant) – alternativt kan navnet være etter den greske statsmannen Perikles (ca. 450 f.Kr.)
perisidiosa – omkransa av isidier
perlata (-um) – med farge som perler
peronella – dekket av melaktig substans
persimilis – helt lik
pertusa – gjennomhullet
pertusariae – som vokser på vortelav, *Pertusaria*
petraeum – som vokser på berg og knauser
peziziformis – som ligner en begersopp i slekta *Peziza*
pezizoides (-eum) – som ligner en begersopp i slekta *Peziza*
phyllophora – bladbærende (som har skjell)
physodes – blæreforma
piceicola – som vokser på gran, *Picea*
pinastri – som vokser på furu, *Pinus*
pineti – som vokser på furu, *Pinus*
placophyllus – med flate blad
pleurota – ribbet
plittii – etter den amerikanske botanikeren C.C. Plitt (1869–1933)

plumbea – blyfarga
pocillum – beger, drikkekar
poeltii – etter den østerrikske lichenologen Josef Poelt (1924–1995)
poliophaea – mørkt gråfarga
pollinaria – støvete (dekket av pollenlignende korn)
polycarpa – med mange fruktlegemer
polydactyla – med mange fingrer
polyphylla – flerblada
polyrrhiza – med mange «røtter» (festetråder)
polytropa – med mange troféer
populneum – som vokser på osp, *Populus*
portentosa – misdanna, rar
praecedens – som overgår, står over
praeradiosa – strålende
praestabilis – fremragende, utmerket
praetermissa – forbigått, oversett
praetextata – frynsete
proboscidea – snabelforma
prunastri – som vokser på hegg, *Prunus*
pseudogranulosa – grynete, som ligner *granulosa*
pubescens – hårete
pulchella – vakker
pulla – mørk, brunsvart
pullatula – mørk, kledd i svart
pulmonaria – lungeaktig
pulverea – småkorna
pupillaris – som tilhører en foreldreløs, en umyndig
pusilla – svært liten
pustulata – med blærer
pygmaea – dverg
pyxidata – traktforma
radiata – stråleforma
rangiferina – som har med rein, *Rangifer*, å gjøre
relicta – som er blitt stående igjen, relikt
resupinatum – tilbakebøyd, snudd
retifoveata – med rynker og groper
revoluta – tilbakerulla
rhizocarpicola – som vokser på arter i slekta *Rhizocarpon*
rhodocarpa – med røde fruktlegemer
rhypariza – urein, skitten
robustus – robust, kraftig
roscida – med rimaktig belegg, doggete
rosella – nesten rosenrød
roseotincta – rosafarga
rosulatum – som danner rosetter
ruana – fra fjellet Rua i Italia
rubella – bleikrød
rubicunda – rødlig
rubiformis – som ligner frukter av bjørnebær, *Rubus*
rubiginosa – rustrød
rufescens – blir rødbrun
rufus – rødbrun
runcinata – grovtanna
rupicola – som vokser på berg og knauser
saccata – med sekker
salicinum – som vokser på selje, *Salix*
sampaiana – etter den portugisiske botanikeren G. Sampaio (1865–1937)
sanguinarius – blodfarga
sarmentosa – med utløpere, forgreina
saturninum – dyster, mørk
saxatilis – som vokser på berg
scabra (-osa) – ru, ujevn
scabriuscula – litt ru
scabrosella – litt ru
scalaris – trappforma
schaererianum – etter den sveitsiske presten og lichenologen L.E. Schaerer (1785–1853)
sciastra – mørk stjerne
scopularis – som vokser på klipper og knauser
scripta – skrevet, som ligner skrift
scrobiculata – buklete, ujevn
scruposus – full av «spisse steiner», taggete, ujevn
sedifolium – som ligner blad hos bergknapp, *Sedum*
sepincola – som vokser på gjerder
septentrionalis – nordlig
serrana – av spansk serrano, dvs. fra fjellene (sierra)
silacea – okerfarga

siliquosa – med skulper
simplicior – enklere
sinapisperma – sennepsfrø
sinensis – kinesisk
sinopica – fra Sinop i Tyrkia
sinuosa – med bukter
soralifera – med soral
sorediians (-ata) – med soredier
speciosa – vakker, elegant
speirea – spiralforma
sphaeroidiza – som ligner en kule
spodochroa – askefarga
squamosa – med mange skjell
stellaris – stjerneforma
stemonea – med stammer (stilker)
stenophylla – med smale blad
stictica – med flekker
stipitata – med stilkforma utvekster
straminea – av strå eller halm
strepsilis – som snur seg
strumaticus – oppsvulma (som en hovnet kjertel)
stygia – mørk
subaurifera – delvis med gull (gule flekker)
subcervicornis – som ligner etasjebeger, *Cladonia cervicornis*
subcinnabarina – som ligner sinoberlav, *Ramboldia cinnabarina*
subflaccidum – som ligner skjellglye, *Collema flaccidum*
subfloridana – fåblomstra (med få fruktlegemer)
subnigrescens – som ligner brun blæreglye, *Collema nigrescens*
subrudecta – som ligner *Punctelia rudecta*
subsimilis – som ligner, av samme slag
substerilis – delvis steril
suecicum – svensk
sulcata – med furer
sulphurina – svovelgul
superveniens – som kommer i tillegg, innfinner seg, uventet
swartzii – etter den svenske botanikeren Olof Swartz (1760–1818)
sylvatica – som hører til i skogen
symmicta – sammenvokst
szatalaensis – etter den ungarske botanikeren Ö. Szatala (1889–1950)
tartarea – som minner om vinstein
tenella – liten, spe
tenuis – tynn
terebrata – gjennomhulla
testudinea – som ligner skilpaddeskall
tetramera – firedelt
thallophila – som vokser på tallus av en lav
theleodes – som ligner på brystvorter
thrausta – skjør, brekker lett
tigillare – som vokser på stokker
tiliacea – som vokser på lind, *Tilia*
tinctina – farget
toensbergii – etter den norske lichenologen Tor Tønsberg (1948–)
tomentosum – filtaktig, lodden
torrefacta – brent, uttørket
tortuosa – vridd
trabinellum – kortstilka
trassii – etter den estiske botanikeren Hans Trass (1928–2017)
trichialis – trådforma
triptophylla – med istykkerrevne blad
troendelagica (-um) – fra Trøndelag
truncigena – som vokser på trestammer
trunciseda – som vokser på trestammer
tuberculosa – med små vorter
tubulosa – rørforma
turbinata – kjegleforma
turfacea – som vokser på torv
turficola – som vokser på torv
turgida – oppsvulma
turgidula – oppsvulma
ulmi – som vokser på alm, *Ulmus*
umbellifera – skjermforma
umbilicatum – navlelignende
umbricola – som vokser i skygge
uncialis – en tomme lang
upsaliensis – fra Uppsala
usneae – som vokser på strylav, *Usnea*
valesiaca – fra Vallais, region i Sveits
varia – foranderlig
vellea – med ull

venosa – med årer
ventosa – stormfull, som vokser på steder med mye vind
vermicellifera – som ligner ormer
vermicularis – som ligner ormer
vernalis – vårlig
verruculifera – med vorteaktige utvekster
vesuvianum – fra fjellet Vesuv
vinosa – vinfarga
virens – grønn
viride – grønn
viridialba – grønnaktig hvit
vitiligo – betegnelse på et hudutslett, viser her trolig til sorediøs overflate
vittata – med langsgående striper
vrangiana – etter den svenske redaktøren og lavsamleren Erik Vrang (1870–1958)
vulpicidae – som vokser på einerlav, *Vulpicida*
vulpina – rev
wahlenbergii – etter den svenske botanikeren G. Wahlenberg (1780–1851)
wimmeriana – etter den tyske botanikeren C.F.H. Wimmer (1803–1868)
xanthococca – av *xantho* gul og *coccus* kuleforma, som et bær
xanthostigma – gul prikk
zonata – med belter eller soner
zopfii – etter den tyske kjemikeren F.W. Zopf (1846–1909)

Synonymliste

Oversikt over vitenskapelige navn fra andre utgave som nå er redusert til synonymer, eller som har endret betydning

Arthonia cinnabarina = Coniocarpon cinnabarinum
Arthonia leucopellaea = Felipes leucopellaeus
Bacidina arnoldiana – Arten som var avbildet i forrige utgave, er den epifyttiske Bacidina modesta. Den har vært forvekslet med den steinboende B. arnoldiana.
Bryoria implexa – Arten var i forrige utgave oppfattet i vid betydning med flere kjemotyper. Disse er nå oppvurdert til artsnivå igjen. Arten i denne utgaven tilsvarer kjemotypen med psoromsyre i den forrige utgaven.
Calicium adaequatum = Allocalicium adaequatum
Caloplaca crenularia = Blastenia crenularia
Caloplaca ferruginea = Blastenia relicta
Caloplaca flavorubescens = Gyalolechia flavorubescens
Cavernularia hultenii = Hypogymnia hultenii
Collema fasciculare = Gabura fasciculare
Cyphelium inquinans = Acolium inquinans
Cyphelium karelicum = Acolium karelicum
Cyphelium tigillare = Calicium tigillare
Degelia atlantica = Pectenia atlantica
*Degelia p*lumbea = Pectenia plumbea
Dimerella lutea = Coenogonium luteum
Dimerella pineti = Coenogonium pineti
Fuscopannaria sampaiana = Nevesia sampaiana
Hypocenomyce friesii = Xylopsora friesii
Leptogium gelatinosum = Scytinium gelatinosum
Leptogium lichenoides = Scytinium lichenoides
Melanelia commixta = Cetrariella commixta
Melanelia exasperata = Melanohalea exasperata
Melanelia exasperatula = Melanohalea exasperatula
Melanelia fuliginosa = Melanelixia fuliginosa
Melanelia glabratula = Melanelixia glabratula
Melanelia olivacea = Melanohalea olivacea
Melanelia septentrionalis = Melanohalea septentrionalis
Melanelia subaurifera = Melanelixia subaurifera
Mycobilimbia hypnorum = Bryobilimbia hypnorum
Neofuscelia loxodes = Xanthoparmelia loxodes
Neofuscelia pulla = Xanthoparmelia pulla
Neofuscelia verruculifera = Xanthoparmelia verruculifera
Ochrolechia androgyna – Arten var i forrige utgave oppfattet i vid betydning. I denne utgaven oppfatter vi O. androgyna i snever betydning og tilsvarer androgyna B i den forrige utgaven. Androgyna A i den forrige utgaven oppfattes her som Ochrolechia mahluensis.
Opegrapha rufescens = Pseudoschismatomma rufescens
Opegrapha varia = Alyxoria varia
Opegrapha zonata = Enterographa zonata
Parmotrema chinense = Parmotrema perlatum
Pertusaria amara = Lepra amara

Pertusaria dactylina = Lepra dactylina
Pertusaria multipuncta = Lepra multipuncta
Pertusaria ophthalmiza = Lepra ophthalmiza
Pertusaria panyrga = Lepra panyrga
Pseudocyphellaria crocata = Pseudocyphellaria citrina
Porpidia flavocaerulescens = Porpidia flavicunda
Pyrrhospora cinnabarina = Ramboldia cinnabarina
Rinodina turfacea – Arten var i forrige utgave oppfattet i vid betydning som omfattet den avbilda var. cinereovirens. Denne er nå oppvurdert til artsnivå som Rinodina cinereovirens og måtte derfor også få nytt norsk navn.
Usnea filipendula = Usnea dasopoga
Xanthoparmelia somloensis = Xanthoparmelia stenophylla
Xanthoria candelaria = Polycauliona candelaria
Xanthoria elegans = Rusavskia elegans
Xanthoria polycarpa = Polycauliona polycarpa

Indeks norske navn

Arter i kursiv er ikke avbildet, men omtalt i teksten.

Indeks vitenskapelige navn

Arter i kursiv er ikke avbildet, men omtalt i teksten.

D

E

P

R

S

Indeks slektsnavn

Fotoliste

Bilder som ikke er angitt her er tatt av forfatterne.

Kim Abel	182ø, 183n, 184ø, 185ø
Ulf Arup	247n, 248ø
Trine Boquist	182n
Anders Breili	273ø
Jan Ingar Båtvik	72ø, 98ø, 101, 287ø
Anders Delin	118ø
Per Fredriksen	40, 41ø, 42ø, 44ø, 45n, 57n, 67n, 68ø, 73n, 75, 76ø, 79n, 81, 90, 93n, 95ø, 97n, 99ø, 103, 105ø, 106ø, 108, 113ø, 115ø, 117, 120, 122ø, 123n, 127ø, 128ø, 129, 138ø, 143n, 144ø, 145ø, 147, 159, 163n, 167, 171n, 172n, 173, 174, 175, 176ø, 177, 178, 179, 180, 181, 183ø, 185n, 190n, 191n, 192n, 193n, 196, 197ø, 198, 200n, 202ø, 203ø, 205ø, 206n, 207ø, 209ø, 210ø, 211n, 212, 213n, 214ø, 215n, 218n, 219ø, 223, 225n, 227n, 228n, 229, 230ø, 231n, 233n, 236ø, 239n, 240, 241n, 242n, 246, 249ø, 251, 257ø, 261ø, 265n, 268, 272, 274ø, 275, 277n, 279n, 280, 282n, 284n, 288ø, 289n, 291ø, 293, 294, 296ø, 301ø, 307ø, 310, 311n, 313, 316ø, 317n
Andreas Frisch	191ø, 208n, 214n, 220ø, 230n, 234n, 241ø, 242ø, 243, 266n, 274n, 278, 296n, 319, 323, 324, 325, 326n, 327, 328, 329, 331ø, 332n, 333n, 334ø
Yngvar Gauslaa	142
Geir Gaarder	29, 192ø
Helge Gundersen	172ø, 176n, 184n
Reidar Haugan	111n, 112ø, 236n, 237n, 238ø, 256ø, 276ø, 306n, 309ø
Tom Hellik Hofton	171ø

John Bjarne Jordal	126ø, 197n, 276n, 282ø
Asbjørn Knutsen	135ø, 136ø
Tommy Prestø	143ø
Christian Printzen	86n detalj
Bjørn Rangbru	69, 74, 82, 91
Hans Petter Schwencke	43n, 55n, 80, 84, 154n
John Arne Sæther	13
Einar Timdal	39ø, 56, 59, 60, 62ø, 64ø, 70n, 85, 92ø, 96ø, 98n, 102ø, 105n, 109, 116, 119, 121n, 125, 126n, 127n, 128n, 137n, 138n, 144n, 146n, 155n, 160n, 161ø, 164n, 189, 190ø, 194ø, 199n, 201n, 203n, 204ø, 205n, 206ø, 207n, 208ø, 210n, 215ø, 216, 217, 218ø, 219n, 220n, 222, 224ø, 226, 228ø, 231ø, 232, 233ø, 234ø, 235, 237ø, 238n, 244, 245n, 249n, 250ø, 253n, 254ø, 255, 256n, 257n, 258, 259n, 261n, 262ø, 263, 264ø, 265ø, 266ø, 267, 270, 271, 273n, 279ø, 283, 285n, 292n, 295n, 299n, 300ø, 301n, 302, 303ø, 304, 305, 306ø, 308, 309n, 311ø, 312n, 314ø, 315, 317ø